suanLi 算力 算力驱动未来　保全网 BaoQuan.com 浙江数秦科技有限公司　联合出品

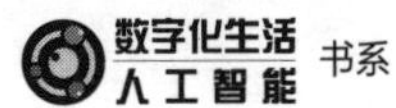

书系

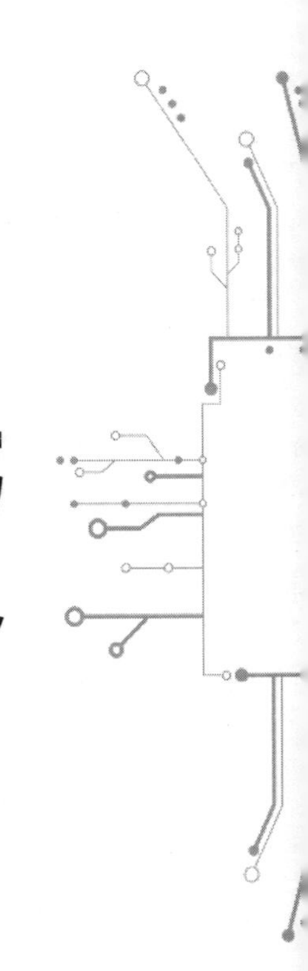

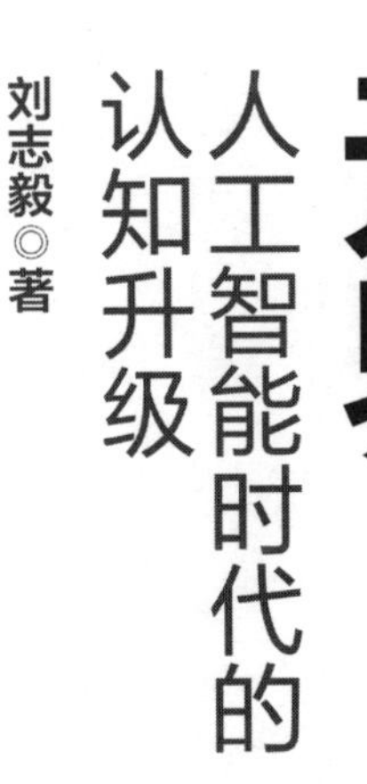

无界

人工智能时代的认知升级

刘志毅◎著

電子工業出版社
Publishing House of Electronics Industry
北京•BEIJING

自　序

复杂世界下的认知重启

现代世界变化非常快，以至于大部分中国当代读书人在这个时代都不敢自称为“知识分子”，而随着传统知识分子的概念日渐式微，以及来自不同领域的专家逐渐成为这个时代思想领域引领潮流的人，我们开始重新认识知识及拥有知识的人。美国作家菲茨吉拉德曾有一句名言：“检验一流智力的标准，就是看你能不能在头脑中同时存在两种相反的想法，还有维持正常行事的能力。”作为一个现代的知识分子或者一个现代人，我们应该学会理解这个复杂的世界，世界并不是非黑即白的，而是灰度的、不确定的、没有定论的。为了拥有这样复杂思考的能力，我们需要掌握哪些领域的知识呢？

知识概念的扩展：从西方哲学谈起

首先，理解知识，我们需要回到西方哲学的源头——古希腊哲学大师柏拉图。对知识的本源定义，柏拉图的定义是共识，即“知识是经过验证的真实信念”。柏拉图是第一位从唯理主义出发建立缜密的思想体系结构的哲学家。他提出了理念（Idea）的理论，理念是一种根据纯粹心智的角度所观察的形式（Form），以下这段话阐述了柏拉图对知识的理解（选自柏拉图《斐都》）：

在探究每个事物时，一个人倘若能够进来凭理性而不是在推理中引进视觉或者将思考与其他任何感官并用，这个利用纯粹、绝对的本质，并且进来不用眼睛、耳朵，甚至不用整个身体，以免这些感官干扰他的心灵并阻碍获得真理和智慧的人，岂不是最完美的吗？

对以上内容的理解是，物质世界是完美"理念"世界的影子，人类渴望了解永恒、不变和完美的"理念"，而"理念"不可能通过感觉认知获得，而只能通过纯粹推理获得。而他的弟子，亚里士多德则对这个定义提出了反驳，他认为理念和形式不可能与实物隔离开，也不存在独立于感知的过程，有关各种形式的知识总是由感觉来认识，即从经验主义的角度得出了知识的理念，我们称为记忆的东西是从知觉中获得的，并且对同一事物的记忆发展成经验。一项经验是由许多记忆构成的，从经验那里开始产生工匠的技能及学者的知识（某物形成方面的技能及存在的学问）。我们得出结论：这些知识既不是先天固有的，也不是源自其他高级的知识，而是由感觉认知发展起来的，这个阶段的知识主要是通过研究外部世界得到的，探索的知识的对象是外部的客观实体。

到了近代哲学，人的主体性思想崛起，人们开始研究人自身，以及人和外部世界的关系，这时出现了两种有关认知世界的理论，即探讨思维和存在关系的理论，由此，认识论开始出现了。认识论主要研究的是人如何认识这个世界，以及人如何获得确定性的知识。这时候，由于方法的不同，就出现了所谓的唯理论和经验论。

唯理论认为人们是从天赋观念出发通过理性演绎获得理性知识，而经验论则从经验出发通过归纳总结获得真理性知识。两者探讨的都是如何获取真理性知识的命题，只是各自用到的方法差异明显。无论是经验论还是唯理论，都属于理性主义的范畴，这些哲学家的目标都是在探讨人类如何获取真理性的知识。唯理论是从天赋观念出发，通过理性的演绎来建立整个知识体系，唯理论以数学作为知识的模型，把必然真理作为知识的目标，把观念的内在标准作为真理的标准。而经验论则特别重视经验的作用，把经验看做知识的来源，从感觉经验出发，通过归纳总结推导出普遍的知识，把观念与经验的符合当做真理的标准。也就是在这个阶段，人们认为追求真理性知识是最重要的，人们在追求知识的过程中理解这个世界。

这里我们需要讨论两位著名的哲学家，培根和霍布斯。培根的名言“知识就是力量”人尽皆知，他强调知识的实用性和知识对世界的改造作用，提倡用一种实用性的知识来认识和改变世界。由于人生存在四假象，人们要破除这些假象就需要以感觉经验作为起点去获得真正的知识。霍布斯被称为近代唯物主义第一人，他将培根开创的经验论向前推动了一步，很系统地阐述了知识形成的过程：感觉经验—印象—概念—判断—知识体系。霍布斯创造了一整套基于经验拓展知识的方式。

总结一下，我们在这里探讨西方哲学中关于知识的理念，就是提醒大家，对真理的追求和对知识的拓展是人类自古以来认识世界的方式，人类只要存在对世界的好奇心，就需要不断地掌握新的知识来更深入地理解我们所在的这个世界。

不确定的未来：建立复杂认知的信念

在探讨了人类对知识的追求以后，需要探讨一个问题：哪些知识对我们来说是“有用”的呢？答案是，能够帮助我们建立复杂认知信念的知识，就是有用的知识。所谓“认知信念”是心理学领域的一个术语，即一个人对知识和获取知识的看法。简单的认知信念是单一的鼓励的事实，一旦确定以后就无法改变，是一个非常被动及尊重权威的认知方式。我们从小就被培养着这样的信念，权威说什么就是什么，课本上说什么就是什么。而复杂认知的信念则认为知识是一个互相连接在一起的复杂体系，每个知识和其他知识都有内在的联系，而且知识会随着时间和场景的变化而发生演化，现有的知识只是一种假设，当新的理念被发明，新的证据被发现以后，它就会被替代。这样的理念让我们学会不盲从权威和专家，而依赖自己的大脑去判断知识的真伪，从而形成复杂的认知。

这里需要提及有关知识的观念。哲学家洛克把知识分为简单观念和复杂观念，简单观念就是很多结论性的单个信息，而复杂观念则是把多个简单观念经过加工、组合、归类和整理后形成的。简单观念就是直接通过感觉和本能获得的，而复杂观念则是通过推理和理性推导出来的。现代社会的认知，就是要去除大多数简单的观念，建立更多复杂的观念。

这样的复杂观念多了，就形成了复杂的认知信念。

为什么需要形成复杂的认知信念呢？答案很简单，因为我们身处于复杂的世界中。这里我们提及两本书，一本书是菲利普·鲍尔的《预知社会》，另一本是伊利亚·普利高津的《确定性的终结》。《预知社会》研究的是群体社会的复杂性。由于在现代社会中，我们面对的不是个体，而是相互连接的群体，因此，为了理解群体构成的世界，就不能用确定论和决定论的思想，而是要用整体论和系统论的逻辑去理解。《确定性的终结》一书则通过对不同群体的特质的研究，告诉我们需要建立起复杂性思想。由于传统的教育下产生的知识结构并不存在这个认知方式，所以我们更多学习的是确定的算法、工具或者模型，而现代的复杂社会则需要我们从确定性转向不确定性。因此，我们只有了解更多、更复杂的知识，才有可能在面对不同问题时有复杂的解决思路和认知模型。

现代社会的复杂性决定了我们面临的现实和未来是不确定的。例如，技术的发展我们是无法预测的，每种技术的出现都像一个新物种，深刻地改变了我们的生活。正如凯文·凯利在《必然》一书中所探讨的，未来的科技生命将是一系列无尽的升级，而迭代的速率正在加速，无论你使用一样工具的时间有多长，无尽的升级都会把你变成一个“菜鸟”。永远是“菜鸟”是对所有人的新设定，这与你的年龄、经验都没有关系。因此，我们需要学习各个领域的知识，如物理学、生物学、人类学和历史学等。

我们在这本书中，也涉及了相关的命题：讨论了物理学中的量子力学和弦论，并梳理了宇宙是如何形成的这个命题。从生物学角度去理解人类是如何诞生的，探索了基因在进化过程中的作用，以及关于物种爆炸理论的逻辑。进一步探索了人类文明是如何形成的，理解人性中的竞争与互助在文明的进程中起到了什么样的作用，甚至还研究了现代政治和经济学的命题，让大家了解政治生活为什么是我们不可或缺的一部分，以及全球化的问题是如何出现的……讨论这么多领域的命题，就是希望大家通过这些跨领域课题的探讨，理解世界的复杂性，以及建立起不同学科的逻辑思维。需要知道的是，在现代社会产生学科分工之前，所有的知识其实是一体化的，工业革命带来了效率的提升和人类的分工，但是也带来了我们对世界的理解是不完整的、零碎的、简单的。本书提及这些命题就是希望建立起复杂认知的信念，并解释这些知识内部的联系。初步涉猎这些知识能够让我们产生知识融合的概念，也能让我们更深入地理解不确定性的未来需要什么样的知识和逻辑。

总之，由于世界是复杂的，而作为个体的我们面对复杂的世界需要建立更加复杂的认知信念。所谓成长，其实就是建立复杂思考的思维方式，原有的学科分类下的知识体系对现在的我们而言并不完全适用，尤其是面对不确定性的未来。因此，本书研究了涉及多个学科的命题，试图建立起关于不同学科的基本理念和世界观，并在不同学科的知识中进行融通，目标就是为不确定性的未来提供一个简约的知识框架。

学会幸福的知识：建立平和的内心秩序

有的人问，如果我不想成为一个学贯古今、思想复杂的现代人，那么追求知识对我而言还有意义吗？答案是肯定的。原因很简单，如果一个人要追求幸福，就应该有足够的知识去面对未来，否则，不确定的未来会让一个人的生活体验与想象中的未来有太大偏差，从而降低幸福感。换言之，追求幸福的重要条件之一就是获取更多的知识。

要解释这个问题，需要从人们为什么不幸福谈起。按照哈佛大学社会心理学家丹尼尔·吉尔伯特的说法，人们不幸福的根源是因为想象力带来的偏差。由于人类是唯一会思考未来的动物，对于很多事情的想象比真正的体验更让人愉快。人们想象未来，还因为我们生来就带有强烈的控制欲，获得控制权对一个人的身心健康起着积极的作用，人们可以通过想象未来获得一种控制感。想象还能有效地防止痛苦，提前判断可能出现的不好的事情，能够从心理层面降低坏事对我们带来的心理上的冲击。可是，人们在做预测的时候考虑的是现在的状况，如果把现在的状况投射到未来，而未来和想象中的完全不一样，就会造成预期偏差。大多数人对未来的想象都有一定的局限性，那么进行未来预期的时候为了降低这种局限性、扩张想象的空间，就需要掌握足够的知识进行预测和判断，使得理性的逻辑能帮助我们提升想象的可靠性，或者称为反脆弱性。这样，当未来逐步到来的时候，我们的心理落差就会降低，反而会发现我们的预测是如此有弹性和符合现实，从而提升我们的幸福感。

除此之外，我们还需要知道，即使是理解幸福本身的意义也对提升个人的幸福感有很大的帮助。奥地利著名心理学家维克多·弗兰克曾经对幸福感进行研究，认为“幸福感通常根本不是作为目标浮现于人们的

追求面前，而只不过表现为目标达到一宿的副产品”。而对于大多数人来说，追求愉悦和快乐的感官体验好像就是一种幸福，

这种幸福是不持续的、短暂的，那种享乐是转瞬即逝的，就好像过度的美食带来的快感一样。真正的幸福，是为了某个特定的目标，全心地投入某件事情，达到忘我的状态，从而获得内心秩序的平和状态。这个观点在目前主流研究幸福的心理学家中已经得到了普遍的认可。对于大多数没有学过相关理论的人来说，可能会显得有点匪夷所思。正如心理学家米哈里在他的著作《心流》中所说，“寻求快乐是基因因为物种延续而设定的一种即时反射，其目的非关个人利益。进食的快乐是为确保身体得到充足营养，性爱的快乐则是鼓励生殖的手段，它们的实用价值凌驾于一切之上。但实际上，他的性趣只不过是肉眼看不见的基因的一招布局，或无时无刻欲念缠身的人，就无法自由控制内在的心灵，跟随基因的反应，享受自然的乐趣，并没有什么不好，但我们应该认清事实真相。”如果要认清幸福的真相，就要从根本上去了解人性，了解人类的基因、心智、情感和大脑，而这部分的内容也在本书中有所涉猎。只有更彻底地了解我们自身，才有可能对外界带给我们的感受有更加准确的判断，从而知道如何分辨积极和消极的情绪，获得更好的人生体验。

总结一下，知识带给我们的就是降低不确定性的未来带给我们的想象的预期偏差，这样有利于我们保持内心秩序的平和，而理解幸福的意义本身也有助于我们提升幸福感，进而我们知道了了解心理学、生物学、社会科学和神经科学等领域的知识的必要性。因为这些领域的知识能帮

助我们理解人类究竟是如何去思考的，进化过程中的基因对我们现在的情感体验和心理状态有什么影响，以及我们的大脑是如何去决策的、如何去控制自己的情感等问题。理解了这些领域的问题以后，我们就能更好地把控情绪，处理好想象力偏差带来的不幸福感，以及充分认知到人类本身的复杂性，对未来的不确定性也不用带有太多的恐慌情绪了。

最后，由于笔者才疏学浅和认知局限，以及此书当中涉及领域繁多复杂，所理解的观点并一定是绝对准确的。对于真实的世界，每个学者都有不同的理解维度，希望大家在阅读的时候保持批判性的思维，也保持质疑的精神，这样也符合笔者写书的初衷，保持对这个世界的好奇心并时时刻刻去思考和质疑。希望大家在掩卷长思的时候，能够获取一些精神的愉悦，这样也算是求仁得仁，在知识的领域能够对自己也有所交代。再次感谢诸君！

目　录

第一部分　智能的未来：技术进化与人类理性

第三部分 思想的格局：免于被奴役的未来

第一部分

智能的未来
技术进化与人类理性

第一章　技术与文明

技术的趋势

❖ 时间的尺子

时间是我们所感知的世界中最为真实的一部分，所有事物的真实都是关于某个瞬间的真实，这个瞬间属于一串瞬间序列。

——李·斯莫林

随着技术发展越来越快，尤其是摩尔定律的存在，使得人们对技术的发展有了不切实际的期望，指望着在改变现有人类生存方式的同时，也担心其带来的巨大威胁。在理解技术的问题之前，我们先讨论一下时间的概念，这样才能更加了解技术对人类文明进程的加速作用。

对于大多数人来说，时间是一种不言自明的东西，好像水和空气。但是当我们深入探讨什么是时间时，就很难去回答。我们必须拓展自己对时间概念的理解，例如，我们当前的生物圈是40亿年进化的结果，而再往前追溯能到137亿年前的宇宙大爆炸时期，而我们研究和面对的主体内容，如科学文明哲学等领域仅仅存在了数万年。

在这个尺度下，我们可以重新审视所面对的世界，用这个维度去审视历史就是所谓的大历史观。在这个领域中最著名的学者就是“大历史”学科的提出人，澳大利亚麦考瑞大学的历史学教授大卫·克里斯蒂安。在他的著作《时间地图》一书中，就从宇宙大爆炸开始写起，讲到了恒星的降生、地球的出现、生命的起源，随后详述了整个人类文明发展的历史，从大历史观去看待整个文明的发展。虽然历史的细节会变得模糊，但是我们可以看到人类乃至宇宙历史的总体趋势更加明确，也会带来更深刻的洞见。在时间的尺子下，我们来思考一个重要的问题：为什么人类能够在生物中脱颖而出，成为整个地球生物链的主宰呢？

人类的出现是地球生物史上最偶然但是影响最大的事件之一，因为人类是唯一从服从于自然规律到主动去掌握学习并应用自然规律成为地球主宰的物种，也彻底改变了地球的生态和文明形态。人类不仅消耗了与自己数量极不对应的能量，而且通过人工选择决定了大量物种的存续和灭绝。那么，为什么人类获得了这样一种主宰地球文明的地位呢？很多人回答这个问题的时候，认为是基因或者环境。实际上，我们的基因和大猩猩的差别并未太大，而自然环境的选择也并不能完全主导一个物种的进化路径。还有人认为是大脑使人类拥有了思考的能力，而从人类发展史看，现代智人的亲戚尼安德特人也拥有和我们一样的脑容量，却没有生存下来。

从大历史观的观点来看，真实的答案就是人类的大脑可以相互共享信息和交换知识，就拥有了集体知识，或者称为集体智慧。在集体知识的网络之下，一旦某个人类个体找到了一种利用资源的知识，就能为所有其他人类所用，这个知识就是符号语言。通过语言的力量就能使知识得以扩散和积累，让相互独立之间的个体充分交换信息。随着这类信息充分交换以后，人类积累了其他物种难以想象的信息和知识，逐步成为了物种的顶端。人类的知识随着时间的积累越来越多，积累的速度也越来越快。符号语言的产生让集体知识扩散，知识大爆炸因此到来，使得人类文明有了前进的动力。

再回头看技术对人类文明的影响，技术对人类生活环境的改变不言自明。然而，我们用时间的尺子重新看待这个问题，就能比较明确地看到：一方面，技术趋势只是外部环境的剧烈改变，而不是作为人类认知世界方式的改变，自然进化速度的变化远低于技术对人类本身进化改造可能的趋势，这并不能作为技术决定论的理由；另一方面，我们要用时间内思维去看待技术，用变化的观点去理解技术，并不存在一个确定性的未来等着我们，人类对技术发展的害怕，就好像刚发明蒸汽机和蒸汽驱动的轮船时，人类也曾经有恐慌和不切实际的预测和幻想，但是随着时间的推移，人们能更清楚地看出技术的本质——技术作为一种工具，拥有改变世界的力量，但是与其相信其独立进化成生物的可能性，还不如考虑过度的技术扩张会对人类社会带来的自我毁灭的可能性。因为从目前来看，技术本身的进化速度还不能产生独立的意识，更谈不上通过信息的增加来获得独立进化的能力。从大历史观来看，目前的阶段考虑更多的是技术的应用边界问题，而不是与技术产生的新物种如何共存的问题。

❖ 技术的进化

未来的科技生活将是一系列无休止的升级。当你周围所有的东西都在升级时，即使你并不想升级，你也会这么做。你也许会说，东西还能用为什么要升级？不到最后一刻便不升级。但是，你会发现，你刚升级完这个，那个东西也需要升级，然后蔓延开来，小范围的微调就能极具破坏性，将生命消耗在升级中将是一种生活技能。

——凯文・凯利

如何理解技术和技术的进化？技术是否真的如众多未来学家所说具有自己的生命力？以至于能够改变人类和技术的主动和被

动关系，从而导致整个生态系统的变化？生物学的奠基人之一拉马尔克为我们提供了一个独特的视角：从世界上所有物体的类别分类和这些物体的动力的观念来看技术的主体性是否存在。

他把物体分为两类：一类是研究无机物的物理、化学，另一类是研究有机物的科学。世界上有两类物体，一类是无机物，它们没有生命力，没有活力，是惰性的。另一类是有机物，它们呼吸、捕食、繁殖，这就是生命物体，而且它们“必然趋于死亡”。对应这个分类法，我们就能从“驱动力”这个维度理解技术了，第一种是机械的，第二种是生物的。物质的驱动力来自生物，所以，一个被制造物的系列可以在时间中验证生命行为的进化，而所谓技术的进化，则属于机械运动的范畴，它所体现的进化行为只不过是因为印证了生命行为而成为这种行为发生过程的痕迹。接下来看看关于技术进化趋势的一些观点。

首先，来看看关于技术进化有观点，尤其是人工智能技术的发展会带来技术奇点的理论。伦敦帝国理工学院认知机器人学系教授默里·沙纳汉的著作《技术奇点》讲述了人类可以通过哪些方式实现人类水平人工智能，以及在实现人类水平人工智能之后，技术奇点的到来会带来什么后果。他的结论是随着人工智能和神经技术的发展，人类水平人工智能及超级智能是可能出现的。还有一个推论是，奇点一旦出现，对人类将有颠覆性的后果，人工智能可能威胁到人类的生存。这里关于技术的观点就是，技术会创造智能，智能也会创造技术，通过这个循环技术能够实现自我提升，从而实现了创造人类水平的人工智能的趋势。而当这个趋势到来的时候，就可能威胁到人类的生存。

日本人工智能专家松尾丰在《人工智能狂潮：机器人会超越人类吗？》也提出了这个风险，他认为人工智能的热潮非常危险，盲目的期待是一件极为可怕的事情，如果人们不能充分地认识和理解人工智能技术的可能性和极限性，而只是一味地赞许和期待，那么历史的悲剧就会上演。

那么，现代技术所体现的“魔法”一样的效果，是不是已经具有进化的某些特征呢？为什么如此多的当代思想家和观察家会被其迷惑呢？我们还是回到亚里士多德在《尼科马可伦理学》中所说的技术的范畴。一切技术都具有这样的特点：促成某种作品的产生，寻找生产某种归属于可能性范畴的事物的技术手段和理论方法，这些事物的原则依存于生产者而不是被生产的作品。这个回答让我们意识到，技术是一种依附于人的形式，它的作用是把那些“不能自身生产和尚未出现在我们面前的东西展现出来”。例如，计算机技术，其实它的原理早就存在于物体本身，而人们只是通过不断探索实现了这种方式。对于技术的理解，就好像打磨一块玉石，我们通过不同的手段去打磨这颗早已存在的玉石，而没办法把打磨玉石的过程理解为“进化”，更没办法把这个显而易见的过程理解为“技术的进化”。

现代技术的存在让大多数人，尤其是从业的科技人员误解，一方面对技术的发明不断地欢呼，因为通过这类技术我们切实地改造了这个世界；另一方面技术让众人感到恐惧，就好像不断挖矿的矿工很害怕矿山之下埋藏的是一条黑色的巨龙。然而这一切不过来自挖矿工人的一种心理想象，无论技术发展多么迅速，都无法改变技术本身的非主观性特征，在动力和目的两个范畴上，我们都不能认同它与自然存在物拥有同样的属性。

最后，我们再看看海德格尔对现代技术的看法，他认为现代技术是一种去蔽，但是它并非从生产的意义上展现自己，它促使自然释放可以被提取和积聚的能量。也就是说现代技术是一种人类对自然施加的暴力，通过计算的过程来揭示人和自然的本质，而这些本质是早已存在的，虽然大多数时候我们并不知道这些本质，有时候只是在非常偶然的情况下发现了这些现象并加以利用。但是，技术作为一种改造世界的构架，我们不能因为对未知的恐惧从而转向对它的崇拜，以及赋予它生命及进化的内涵，这样的认知对现代人来说算是一种必经的去魅的过程。

❖ 科技大停滞

除了看上去很神奇的互联网以外，我们今天广义的物质生活层面并没有跟1953年差很多，我们仍然开着汽车，用冰箱，按下传统的电灯开关——即使变光器现如今已经非常普遍，改变的步伐明显比过去的两三代人慢多了。

——泰勒·考恩

人类历史上发生过多次科学革命，正在发生的一次是信息革命。不过近些年很多学者和科技观察者的判断是，人类科技目前处于技术大停滞的阶段而不是技术爆炸的阶段。很多学者认为，科技进步的速度之所以会缓慢下来，是因为科技的复杂度越来越高，复杂度较低的科技突破绝大部分都被我们的祖先发明或发现了，留给后代的是越来越复杂的难题，导致科研的边际成本越来越高，边际报酬越来越低，所以，出现了目前的科技停滞。而由于技术停滞导致的创新扩散缓慢，对全球经济和政治产生了负面影响。关于这个观点，我们需要深入了解它，并理解科技革命的要素。

为什么科技发展出现了大停滞的现象呢？这里需要引入范式的概念。范式就是科学共同体所接受的假说、理论和方法论的总和。科技革命出现的前提就是范式的转换，即技术的简单进化并不能引发技术革命，而需要范式的变化。

例如，日心说对地心说的替代、内燃机和蒸汽机的变化、牛顿力学对亚里士多德物理观的替代等，都出现了范式的变化，即人类整个科学世界观的变化才能引发科技革命。100 多年以来，虽然技术进步大量出现，但是范式革命并没有根本突破，我们一直在摘前人的果实而没有种下新的果树。不仅如此，科技大停滞还带来了其他负面影响：第一，若干技术门槛可能很难越过；第二，技术的指数发展可能仅是短时间现象，可能是无法持续的；第三，目前的技术集中在以互联网为代表的信息技术，并没有其他领域的技术创新的扩散。总而言之，由于没有范式的变化，科技的“天花板”已经存在，也逐渐影响了经济和社会的发展。

那么出现范式转换需要什么条件呢？我们可以在美国思想家爱德华·约翰逊的著作中得到启发，大致有三个条件影响了进化的发生及说明了全部科学革命的潜在逻辑。

第一个条件是人类历史上最佳的心智具有无止境的好奇心和创造欲望。人的心智，尤其是当时作为人类精英的知识分子的心智对信息革命的出现起到很重要的作用。对世界和自我的好奇心，对创造性地改变世界、主宰世界的欲望，是真正驱动人类不断探索科学技术的核心因素。对人类自身的认知，尤其是心智和意识等领域的认知的变化是第一要素。关于人的命题要有更深刻的认识，换个角度说，就是需要出现新一轮的“文艺复兴”。

第二个条件是人类与生俱来的潜能，能够把宇宙的基本性质加以抽象化，即抽象化理解世界的能力。文字的产生尤其是抽象表达文字的产生是改变整个西方文明的基础。

第三个条件是数学在自然科学中不合理的有效。物理学家维格纳曾经表达了对这一现象的困惑，数学理论和特定物理实验数据之间，竟然有着不可思议的对应关系，以至于人类在观察时间变化时，同时拥有了两个工具——一个是实验，另一个是数学。而数学更被认为是科学的自然语言。正如维格纳所写：数学在自然科学中具有极大的用途，这件事情本身就是个谜，我们找不到合理的解释，自然律一定也不自然，更不自然的是人类竟然能够发现这些定律，数学这种语言能够恰当地架构起物理定律，这是我们既不了解又愧于接受的礼物。从大历史观来看，我们需要通过对人类的重新认知，来提升对外部世界认知的能力，尤其是抽象理解外部世界的能力，然后用数学的方式表达出来，从而能够改变目前范式停滞的现状。

最后，我们介绍一下目前的科技革命的特点和我们应该以怎样的态度面对这个大停滞的状态。第一，我们要认识到，目前的信息技术已经到了极限，摩尔定律逐渐失效。第二，科技革命不能依赖量变形成质变，而是要依赖不同领域的认知革命来实现。正是由于科学门类越来越复杂，科学家们所从事的领域越来越细分，大家需要通过分工合作的方式去完成科学实验，专才而不是全才越来越多需要掌握的知识总量不断增大，以至于相应学术研究成果出现的时间也不断推迟，这也是目前最大的危机之一。面对这样的状态，我们的态度应该是什么呢？我的想法是积极的悲观主义，即一方面要积极主动地去寻求技术突破，另一方面也接受目前的停滞状况的现实。只有本着这样的实事求是的态度，才能逐步实现对现有范式的超越。

文明的进程

❖ 图灵的预言

在两个主要前沿阵地中所取得的重大胜利重新唤起了人工智能研究的辉煌：一个是建立在更可靠的统计及信息理论基础上的机器学习实现了突破；一个是在讲解决特定领域特定问题的人工智能应用到特定的实践和商业中所取得的成功。

——尼克·波斯特洛姆

大多数人都听过奇点理论，但是未必知道它产生的渊源。这里我们要提到两个人：弗诺·文奇和雷·库兹韦尔。前者是第一个提出奇点理论的科幻小说作家，后者是创立了库兹韦尔定律的顶尖未来学家。理解他们的观点有助于我们理解激进的未来学家关于趋势的观点。

首先要说明的是，奇点这个概念并不属于未来趋势学的原创，而是来自物理学。物理上把一个存在又不存在的点称为奇点，空间和时间具有无限曲率的一点，空间和时间在该处完结。经典广义相对论预言奇点将会发生，但由于理论在该处失效，所以，不能描述在奇点处会发生什么。而技术奇点的概念第一次出现在大众的视野中应该是弗诺·文奇于1982年在美国人工智能协会年会上提出的。1993年，弗诺·文奇又发表了一篇《技术奇点即将来临：后人类时代生存指南》的论文，再次简述了这个观点，并认为技术奇点有可能在未来50年左右出现。

弗诺·文奇的主要成就在于科幻小说，他写了一套广为人知科幻系列小说《三界》，包括《深渊上的火》《天渊》和《天空的孩子》。在这套书中，他创造了一个按文明层次分为三界的豆荚状宇宙。按照本书系的理论，宇宙是由爬行界、飞跃界、超限界三个不同的界域组成的，每个界域均有不同的物理法则，这突破了硬科幻小说物理法则一成不变的世界观。读到这里，很多读者肯定想到了《三体》，其实在硬科幻的成就上，弗诺·文奇是要领先于《三体》的。毕竟自从E. E. 史密斯将太空歌剧推到巅峰以后，这一流派的科幻小说日渐式微，正是弗诺·文奇赋予了传统太空歌剧以崭新的灵魂，使这一流派得以复生。而这个拥有深厚技术背景的科幻作家，对技术奇点的看法是“30年内，我们就将获得创造超级智能的技术方法”。文奇写道：“之后不久，人类时代就将终结。”在这里，“奇点（Singularity）”指的是机器在智能方面超过人类的那个点。文奇所预测的2023年，离我们越来越近，从某种意义上来说，奇点已经到来。

另一位更被中国人所熟知的人工智能领域的先知，雷·库兹韦尔则预测说，奇点会在2045年出现。他在《奇点临近》一书中，花了十年时间描绘出了数十种指数型技术的未来发展趋势，他还和空间旅行公司 X-Prize 的创始人彼得·迪亚芒蒂思共同在位于美国加州的国家宇航局埃姆斯研究中心建立了奇点大学来教授他的观点。这个大学中的核心课程包括生物技术和生物信息学、计算系统、网络和传感器、人工智能、机器人科学、数学化制造、医学、纳米材料和纳米技术。

雷·库兹韦尔的库兹韦尔定律是在摩尔定律基础上，提出人类的技术发展均以指数形式增长，并将在某个特定的时间趋近于无穷大。这一理论在广受质疑和批评的同时，也受到激进的技术决定论者的追捧。

雷·库兹韦尔在《奇点临近》这本书中的一些重要结论如下：第一，摩尔定律会让技术呈指数级增长，人类会在 2045 年到达奇点。库兹韦尔用奇点来指代人类技术在摩尔定律的支配下的指数级增长到达某个极限时的状况，而到了 2045 年则会发生一个由量变带来质变的情况。第二，人类和机器一样，都是信息的载体，因此，都可以用算法来理解，而人类在算法和信息容量上的劣势会被替代。第三，人类到达奇点以后，由于算法智能的高速发展，可以开始统治和探索宇宙的征程，这样的前提是人类自我软件化。这几个结论后续还会继续讨论，这里只说明一点，关于奇点的理论和现实基础已经由于技术停滞的出现被部分学者否定了。

最后我们了解一下图灵。人工智能之父的图灵最大的贡献之一是提出了一种用于判定机器是否具有智能的试验方法。图灵并未发表过任何有关人工智能的看法（甚至这一名词都是他死后才发明的），而众多技术激进主义者却把他作为精神领袖。到目前为止，摩尔定律仍然有效，弗诺·文奇所提出的奇点技术的所有技术条件都已经具备，然而奇点并未出现。赫拉利在《未来简史》中设想了一种神人，即人类和 AI 结合起来的生命，这就是奇点出现以后可能出现的生命体。目前来看，这样的生命体出现的概率极低。

❖ 人类的意识

意识是感觉的堡垒，是思想的熔炉，是情感的家园。不管这种情感给我们带来的是痛苦还是安慰，正因为有了意识，我们的生命才有意义。

——丹尼尔·博尔

丹尼尔·丹尼特是塔夫茨大学哲学教授与认知科学研究中心主任。他的代表作《意识的解释》是一本相当晦涩难懂的关于意识的本质的书籍。然而，我们可以从其中窥见有关解释意识问题的答案——虽然这本书最核心的目标解释意识本身并没有达到，但这也提醒了我们为什么人类的意识是如此的复杂和难以理解。在这里，我们也普及一下有关人类意识目前研究的情况，让大家认识到为什么生产有意识的机器人离我们如此遥远。

首先，书中思考了一个问题，幻觉是如何产生的？或者说思考如何确定我们生存在一个真实的世界而非幻想的世界？（这时候黑客帝国的主题曲应该响起来了。）作者提出，由于我们与所感受到的外界存在互动，外界会随着我们意识的变化而作出相应的回应。考虑到这可能产生数量极大的分支，对其的计算也远远超出了人力所能达到的程度，因此可以认为，外界的一切不可能是被模拟出来的。

接着，书中对主流学界在意识研究中的一些观念进行了介绍，如二元论、泛物质论等，不可避免地涉及了哲学。果然，作者提及了现象学的各位哲学大师们。笛卡儿、洛克、贝克莱、休谟等人都是采用内省的方法来观察自己内心的感受并将之描述出来，并且相信这些描述的读者将会与他们有类似的感受，但这种方法现在已遭到质疑。事实上，当我们自以为在“观察”时，我们进行了大量的“推理”来处理外界输入的材料。这种所谓的共同内省就如同盲人摸象，会产生许多偏差。简单来说，就是过度地去观察和想象意识的存在本身就是一种误导的行为。接着，作者介绍了所谓笛卡儿剧场的论调和众多影响意识的因素，如遗传演化、表型的可塑造性及弥母演化等，并深刻分析了人类语言对意识的影响。值得一提的是，在“人类心智架构”一章中，作者提出了人类的意识是通过多种渠道收集产生的。各种特化回路在这些渠道中以一种并行的、群魔混战的方式去各自行事，并制造出多种草稿。大多数草稿片段只是中间过程的暂时角色，但有些草稿上升为了更高级的功能角色。也就是说，人类的各种意识在大脑里上演了各种我们不知道的场景，最终给出一个我们觉得瞬间能够说服自己的答案，然后，影响了我们的决策。

以上种种论调，确实展现了作者博大精深的哲学背景和神经科学等领域的认知，然而，解释得过于繁复难免让人不忍卒读。简单来说，作者从各个方面提出了意识形成的复杂性，无论从哪个方面都无法解释意识。也就是说，《意识的解释》一书告诉大家的是，意识无法解释，这确实让耐心读完的读者非常崩溃。不过丹尼尔·丹尔特曾经描述了意识的基本单位——“感质”的几个特点来帮助我们理解意识：第一，感质是不可用语言表达的，例如，我们看到某种特定的颜色以后产生的感觉是无法用语言表达的。第二，感质是产生于内在而不是外部环境，因为感质是最基本的意识单元，只有去除了环境因素以后留下的才是感质。第三，感质是可以直接意会的，当你感受到某个感质的时候，会直接产生意会而不需要理解的过程。

最后，我们来看一下神经学家在研究人类意识上面的进展。不同于以往哲学家和神学家们的猜测，神经学家一系列生物实验的结果已经论证了假设，即一定数量和种类的信息在大脑中以特定方式集成的意识，虽然我们无法精确理解到底是哪个神经或者大脑哪个部分产生了意识，但至少说明了这不是一个纯粹的哲学问题。当然，哲学能帮我们暂时解释一些有关主观体验是否存在的问题。属于人类的意识有其特定的生物学基础，而属于人工智能的意识则显示有明确的“逻辑的粗暴性”。读到这里，我想大多数读者就应该了解了，既然哲学家、生物学家和神经学家都不知道意识是如何产生的，那么，我们现在所“发明”的人工智能怎么能替代人类本身呢？意识是人类和机器的本质区别，因为机器并没有主观体验，而意识则给予人类自我和活着的感觉。

❖ 文明的范式

在人类历史之外，还存在一个更大的范畴，即地球史，甚至整个宇宙的历史……正如我们需要世界历史来帮助我们理解特定区域的历史一样，我们也需要一个更大的背景，来帮助我们看清人类历史在地球史以至宇宙史中的位置。

——大卫·克里斯蒂安

科技带给人类最大的威胁和思考，不仅是个体职业被代替的忧虑，更深层次的是对未来人类文明是否存在的忧虑，尤其是在机器学习技术方面。自数据库的技术让机器拥有了更快的处理器和更有效率的算法以后，这个层面的忧虑就越发深重，在很多科幻电影和文学作品中，都表达了人工智能超越了人类对世界的认知能力，并把人类作为它们的奴隶且带来灾难性后果的未来臆想。其中一个重要的猜想，就是机器由于其生产力的提升形成了独特的文明范式，替代了现有的人类文明。这里涉及的概念包括“超人类主义”或者“后人类主义”等，我们先来看看学术界关于这部分的争议。

詹姆斯·巴拉特在他的《我们最后的发明》一书中对很多人工智能专家进行了采访，很多人工智能专家表示，人工智能按照其进化速度可以分为三种级别。第一种，即以阿尔法狗为代表的，在某一专业领域能够取代人类的 AI，其迭代速度使每一次升级智能提升 3%；第二种，即通用人工智能（AGI），其表现可以达到普通人类的智能水平，目前还未实现；第三种，即超级人工智能（ASI），它会比最聪明的人类还要智能 1000 倍，它一分钟所做的思考就足以要历代顶尖的人类思想家研究许多辈子。

在詹姆斯·巴拉特看来，ASI 的思维方式和逻辑与人类不一样， 它具有自我意识和能够自我改进的系统，会发展出与人类类似的四种主要动力——效率、自我保护、资源获取和创造力。基于这一理论，对于 AI 来说，就要获取尽可能多的资源，提高完成任务的效率，避免受到伤害，而人类将会成为其资源获取的竞争对手。一旦其智能超越人类，那么击败人类，获取对全部资源的掌控力就可能发生，因此，得出了超级人工智能计算机就是最后一个人类的发明的结论。

这类观点的衍生观点是，未来的人工智能把新型、灵活的结构结合在一起改变了人类文明的形式，不同于国家或者公司的形式，机器形成了跨空间的形态，形成了独立的行业和地缘政治格局，而人类作为个体将会从社会活动中消失。这里主要有三类不同的观点。第一类是超人类主义。这一类观点预言科技进步将导致后人类的出现，人类的思想可以通过人工智能的技术得到传承从而实现部分的永生，而语言作为人类交流的主要形式将逐渐消失，取而代之的是类似“心灵感应”的方式，这样会更好地利用人类大脑的带宽而不会浪费时间去理解不同语言之间的差异。第二类是新人文地理学范式。研究的是在机器主宰的世界下，人与人之间关系的重构，以及人与社会环境交流方式的变化。这类观点的持有者认为由于技术的发展，国家的概念将模糊，地缘政治格局也会由于技术的存在而彻底颠覆，人们对国家民族的认同感也会不复存在。第三类是后人类主义，即个体在未来的科技文明中将不再存在，而是作为社会文明中一个单一的元素存在，作为群体的人类有价值而作为个体则毫无意义。

以上的观点似乎都忽略了一点，文明并不是一蹴而就的，而是通过逐渐积累的文化实践和创新逐步形成的。人类文明的发展历史虽然在宇宙尺度上并不长，但是其对人类的影响巨大。通过大量的偶然性和实践创新，人类活动从单纯的求存到逐渐形成差异化巨大的文明范式，这个过程不仅仅是个体通过大脑把外界事物加工成人类可以接受的信息形式，更是通过所谓的共同的想象使得人类对很多基本的理念达成了共识，使得人类成为地球文明的主宰。需要理解的是，由于自然进化的缓慢，人的意识遗留了非常多的属于原始人类的偏见，特别是人类在心理层面对他人交流与个体内心的探索都残存了大量这方面的影响。

然而，大量的文明的实践改造了人类对世界的认知，通过对文明的贡献和创新，人类创造了科学、艺术及运动等。作为一个物种，我们不断地在文化层面进行创新和实践，从而形成了大量的文化传递和社会交流行为——这类行为并不是通过生物层面的演化和适应得到的，而是通过文化的复制和变化使得人类的思想形成了雪球效应，从而形成了人类对文明的理解和发展的能力。人工智能迄今为止拥有的一切，包括海量数据、机器学习的算法和大量的电子电路都与文明没有关系。人工智能缺乏对文明探索的好奇心，以及形成文明必须具备的集体意识。这意味着，人工智能要形成文明，需要机器之间的合作交流及对外部环境带有扩张性的主动意识。这些在人类设计人工智能的时候，都不会赋予它们，所以文明的存在也就没办法谈论了。

因此，关于下一个文明范式的探讨，无论是哪一个理论获得了更多的实践支持，都应该是以人类作为主体中心的文明。

因为文明的探索不仅仅是效率的需求，更是附带了人类对整个世界好奇心的大量实践和创新。人工智能作为机器可以增加我们改造世界的能力，但是并不能代替我们去探索未来的可能性，更不能让我们因噎废食地放弃自身存在的价值而去追求最低级的生存愉悦。

第二章 理性与基因

理性与智慧

❖ 集体的智慧

一个被创造物身上的理性，乃是一种要把它的全部力量的使用规律和目标都远远突出到自然的本能之外的能力，并且它不知道自己的规划有任何的界限。但它并不是单凭本能而自行活动的，而是需要有探讨、有训练、有教导，才能够逐步地从一个认识阶段前进到另一个阶段。

——康德

尽管经济学这门伟大的学科作出了理性经济人的假设，但是我们都知道，人类并非那么理性，本能和感性在很大程度上影响了我们的行为，以至于影响了文明的进程和政治理念。也就是说，虽然机器能模拟理性决策的过程，但在很大程度上，我们的感性思维方式是无法被模仿的。我们将从几个角度去分析为什么人类是非理性的智人，这样有利于帮助我们理解作为物种的人类的复杂性。

首先，从神经科学层面进行研究。尽管我们的大脑已经进化得很好，拥有其他物种羡慕的抽象思维和思辨的能力，但是我们的行为在大多数时候都显得非理性。对神经系统的观测表明，大脑的本能区域在大部分时间内都是活跃的，神经系统不断受到决定情绪水平的神经介质和极速的影响。也就是说，我们在做任何决定的时候，都会受到本能和情绪的影响。人类最内核和最古老的部分称为“爬虫脑”，它负责控制本能和本能反应。有了这个部分，人类的行动不需要分析每个动作行为就可以无意识地流程运行，因此，这个部分也保护了人类物种的延续。想象一下，如果没有了本能反应，我们的智人祖先早就因缓慢的逻辑判断带来的风险而消失在原始丛林中了。

然后，从实验心理学和行为经济学的角度再继续观察。人们并不总是寻求当下或者未来利益最大化，理性的期待并不具备生理上的稳定性。从心理上来说，人们有时候只想满足当下的欲望而不管其他的因素，对于人类自身本能的管理是我们在接受教育时一个重要的目的。对大多数人来说，控制害怕的情绪往往需要这个人不那么害怕的时候才能做到，人类中的大多数人都被本能、情绪和知觉等类似自动化程序的要素影响，而不是像理性人假设中所设定的由复杂精密的计划和思辨所假定的那种生物一样。大部分时候，我们基于理性人假设，构建与真实世界并不一致的政治生活、社会模型及科学认知，然而，我们需要知道这个并非全部的现实，甚至不是大部分现实。

在乔纳森·海特的《象与骑象人》一书中，对人类的心理设定了一个虽不准确但很精妙的比喻——人类的心理一半正如一头桀骜不驯的大象，而另一半是一个理智的骑象人，这两个部分形成了人类在理智和感性中来回摇摆的思想争战。作者把人格分为三个层次，即最低层次的基本特质、再高一层次的个别性调试和最高层次的人生故事。每个层次中追求的人生目标不一致，理性影响的力量会越来越大，而情绪的影响也会相对降低。那我们如何去做呢？这里面的概念可以称为“中庸”，即人们在肉体、心理和社会文化三个生存层次的生活获得连贯性就能找到属于自己的意义和价值。

最后，我们讨论一下集体智慧。虽然每个个体都受到多个维度的影响，但是对整个人类社会来说，取得总体的社会和经济的进步几乎是人类族群的共识。在很多人看来，让人类学家、心理学家或者经济学家等聪明的人组成政府，让他们进行经济规划和社会构建，然后就会获得文明幸福的未来——这个想法显而易见是错误的。因为人类社会的进步和发展完全是一个网络协同作用

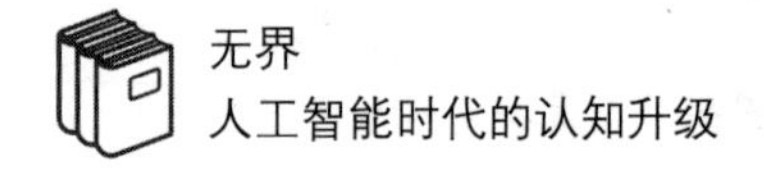

的结果。随着社会分工的细化和专业，把不同的人集合在一起从而形成了集体智慧，就像人类自身的神经网络，每个人都是一个社会结构的节点，通过交换信息，分享成果和整合思想，从而使得社会进步。

在哈耶克的《知识在社会中的运用》一书中，哈耶克对经济发展提出的观点是，即使某个体掌握自给自足的经济体系中的全部数据的单个管理者，也无法完全计算清楚微小的数据调整带来的复杂变化。就是说，如果一个关于相关事实的知识掌握在分散的许多人的体系中就可以产生集体智慧，从而解决这个问题——对于非理性智人来说，把社会决策的选择交给集体智慧，既能避免过度感性带来的社会偏差（个体很容易受到本能和情绪的影响），也可以避免过度理性带来的机械化（人们除了发展以外还考虑更多影响幸福感受的因素），至于如何组织则属于政治学的问题。

由于人类先天性就是非理性的物种，所以，在讨论人类行为的时候要充分考虑非理性的影响。在大多数时候，人类会有先天性的系统性偏见，正如《乌合之众》一书中所提，群体的人类不仅会有集体智慧，也存在群体思维出现的非理性、简单化、缺乏常识和逻辑等一系列“低智力”特征，我们需要从更全面的角度理解人类行为的复杂性。

❖ 合作与进化

只要我们具有能够改善事物的能力，我们的首要职责就是利用它并训练我们的全部智慧和能力，来为我们人类至高无上的事业服务。

——托马斯·亨利·赫胥黎

达尔文与赫胥黎的工作让世人不仅知道了人类从何而来，而且也意识到了生存竞争是整个进化史的核心。在漫长的与外部环境的残酷斗争中，智人取得了全面的胜利——尽管这种胜利是以大规模地屠杀其他物种（这个世界 90% 以上的物种都因为人类而大规模灭绝了）为代价获得的，但是物竞天择的法则让我们认识到作为智人后代的我们明显比其他的物种成功和优越得多。更让人觉得不寒而栗的是，同样作为南方古猿阿尔法种的后代的我们，其实也是竞争的赢家。这里我们需要思考一个问题：竞争是人类进化的唯一方式吗？相互合作在进化过程中起到了什么样的作用？

在生命的竞争中，我们都受到生存斗争的驱使去努力获得所谓的成功，也就是掌握和拥有资源的能力，就好像奥林匹克精神——“更高、更快、更强”。从斗争角度考虑似乎永远不应该帮助自己的竞争者，人类自私的本性在相互掠夺资源的过程中发挥得淋漓尽致，显得唯利是图和以自我为中心。然而，除了竞争外，还应该考虑一个更深刻的角度，就是强烈的竞争让我们获取了生存的权力，但是是否真的让我们获得了永久生存下去的竞争力呢？如果不能的话，是否还有其他的方式让我们持续成长，以及在残酷而漫长的时间里获得某种种族永久延续的能力呢？

人类已经是现存地球上最高级的智能物种了，即使这样，进化到现在的我们也并不是所谓的“超级智人”。我们自认为自己非常智慧，能主宰自然、本能、病毒和其他生物，然而，我们无法避免衰老和愚钝，无法避免权力、性或者金钱。虽然我们的大脑能帮助自己进行抽象思维和思辨，但是认知科学告诉我们，大多数行为还是基于本能的，大脑的本能区域在大多数时候都是活跃的，神经系统不断受到情绪水平的神经介质和激素的影响。实验心理学告诉我们，人们并不一直追求利益最大化，也就是说，人类并不是完美智能的生物。因此，我们更不可能制造出完美智能的其他生物，更重要的是，我们的文明构建大多数是基于我们的合作而非竞争导致的结果。

这里我们提及著名学者克鲁泡特金的《互助论》中的观点，互助论的理论基础是达尔文的进化论。“物竞天择，适者生存”是这个星球上所有生物共同遵循的基本法则，然而，并不是所有的生物都存在绝对的竞争关系。在几千年的竞争中确立的地球的统治者——人类，并没有如其他物种一般不断进化着自己的身体、改变自己的形态，相反，人类的身体器官是在逐步退化的。

因此，在进化论的基础上，克鲁泡特金提出了另一个重要的注解，生物的竞争必然存在于不同族群之间，但是如果摆脱单纯的竞争机制，而产生出一种“互助”的关系，反而能强大彼此，更容易在“物竞天择”中获胜。无论复杂度高低，不同的生物都会在其生存过程中彼此合作，例如，狮子围猎羚羊、不同种群的蚂蚁形成行军蚁、蜜蜂之间通过不同的分工解决族群生存问题等。而人类的文明生活，则在合作层面展现得更彻底——即使早餐时喝咖啡的玻璃杯和咖啡豆，也需要来自不同国家的人进行专业分工以后跨越时空。这种令人惊诧的配合也是现代文明发展的主要原因之一。正是由于陌生人类之间亲密无间的合作，使得我们能够创造出令人惊叹的科学技术，让人类能够在不同的环境下生存，成为唯一能够去挑战宇宙空间的物种。除了相互竞争之外，在大自然中还有相互帮助的法则，为了取得生存斗争的胜利，尤其是为了物种的渐进演化，这一互助法则要比竞争法则更为关键。自然选择不仅诞生了竞争，而且诞生了互助现象，合作的方式能够让生物拥有更好生存下去的能力；合作最大的价值在于，能够为生物种群内部的创新提供更好的支持。只有通过合作，人类文明内部才能产生协调一致的力量，从而产生创新的突变。正是由于人类并非无所不能的超级智能，人类才需要通过合作来创造文明，制造物种内部的突变，使得人类不需要通过物种灭绝的方式就能继续进化。

人类之间的相互合作逐渐达到文明的“天花板”——毕竟我们已经通过这样的合作逐渐消灭了饥饿、瘟疫和战争等敌人。当面对未来生存的挑战时，如医疗领域的癌症、宇宙空间的探索及对人类基因的探索等，我们需要寻找新的合作对象来帮助实现人类的进化，人工智能可能是接下来的文明进程中，人类最好的合作伙伴了。

❖ 人类的心智

如果仔细分析人类描述这个世界的语言，可以看出人类的逻辑极其荒诞，原因是我们认知里面的“直觉物理”和真实世界的“现实物理”有巨大区别。

——斯蒂芬·平克

在前面的文章中，我们的重要论点是语言是人类进化过程当中最重要的推动力之一，正因为语言的力量才使得人类拥有集体智慧，让人类在自然选择之外有了新的进化要素。在这里，我们需要讨论语言其他方面的知识，尤其是讨论语言对人类心智的束缚作用，我们需要关注语言对人类的社交关系、认知模式和个人情绪等多方面的影响。正因为语言是类似人类本能的力量，所以，先天性的遮蔽性使得我们在理解世界的心智上存在先天性缺陷。

首先，我们讨论一个问题，就是什么是语言？看上去语言是一个非常神奇的事物，只需要张开口传递一些声音就能精确地描绘彼此大脑中的想法和事实。在人类进化过程中，正因为语言的存在，才使得人们可以相互协商达成共识，从而进行分工合作，实现目标。

近些年来，随着认知科学的发展，人类对语言的认识更加深刻了，认知科学家们认为语言是一种心智器官，更简单地理解为语言与直立行走一样，不是文化的产物而是一种本能。这个观点需要花时间去理解，因为很多人认为语言是后天教育的结果，而实际上一个学龄前儿童所具备的与语言相关的知识比目前最复杂的计算机语言系统还要复杂，语言是自然精细设计的本能或者“礼物”。达尔文在《人类的由来》一书中指出，语言是“获得一项技艺的本能倾向”，而乔姆斯基则认为语言产生于一套专门负责符号表征计算的心理机制，这两个说法都说明了语言的本能和先天性。语言学家和生物学家都注意到，只要有人类存在的地方都有语言的存在，每个人头脑中都装着一套构词法。通过核磁共振对大脑进行扫描以后，脑科学家们也发现存在一个语言器官专门负责处理语言的部分。

然后，我们讨论一下语言的普遍性及受到哪些环节的影响。在早期的行为主义学家看来，人类行为是通过“刺激→反应”理论进行的，即认为人类不存在心智或者天赋等能力，而只是因为受到了刺激才会有一些行为的反馈，即社会环境影响了人类的主体行为。而语言学家诺姆·乔姆斯基则有了非常有智慧的论断，他认为人类的认知系统复杂而精密，语言作为进化适应的结果而不是文化的结果对解释人类的行为模式是一个非凡的洞见。语言本能既来源于遗传，也离不开环境的影响。正如斯蒂芬·平克在《语言本能》一书中所说，受到乔姆斯基普遍语法的启发，潜在所有文化下的普遍行为模式是通过语言可以找到人类相似的心智结构，能够找到普遍的人性。

语言影响了不同的文化。动物的行为主要受到生物特性的驱动，而人类的行为是由文化的影响控制的。文化是一套自主控制的符号体系和价值体系，而语言在其中扮演了符号体系的主体作用。反过来讲，语言也会受到文化本身的影响，遗传和环境两个因素都会深度影响语言的发展。这里需要稍微讨论一下遗传的作用，基因技术的发展让人类发现了一批和语言相关的基因组，这正验证了语言是一种复杂的基因现象，而不是来自偶然的突变。

最后，我们讨论语言对人类文化的影响和遮蔽性。这里要注意的是从普遍语法到普遍人性之间有着明确的关联，而语言的遮蔽性就是由于语言的作用，不同文化的人类群体在认知世界的心智模式上有趋同性，从而大大影响了人类的行为，即人类始终身处自己的心智洞穴，而语言揭露了这个真相，也是构建这个洞穴的关键要素。正如斯蒂芬·平克在《思想本质》一书中所说，人类建构了一种独特认知世界的方式，然而，这种认知方式与世界所呈现给他们的那种感觉印象中有巨大的差别。在建构世界的过程中，人们会自然地把自己的体验打包到物体和事件中，然后把这个整体包装起来去判断外部物体。

正如柏拉图的“洞穴寓言”中所提及的，人类生存在一个洞穴中，我们看到的世界只有洞穴里的物体而已，我们对现实世界的认知只不过是心智给我们呈现的模糊的轮廓而已。而在语言研究中所看到的人类在社交过程中，从情感表达和对自然概念的认识，都能看到心智的牢笼对人类理性认识世界的影响。这能帮助我们认识到作为个体的人类在理性上的缺失，以及这种缺失之后带来的对世界的敬畏感。

智能与基因

❖ 机器的意识

意识是感觉的堡垒，是思想的熔炉，是情感的家园——不管这种情感给我们带来的是痛苦还是安慰，正因为有了意识，我们的生命才有意义。

——丹尼尔·博尔

笛卡儿说“我思故我在。”那么有一天是否会产生拥有自主意识的人工智能呢？这个问题在短期内不会有明确的答案，但是它引发的讨论在学术界和产业界都引起了极大的关注。我们在观察人工智能发展时，也把是否具备自我意识作为这一事件是否会对人类文明有彻底改变的关键要素。目前的人类与机器之间是合作而非竞争的关系，技术的发展让机器帮我们解决了太空航行、治疗疾病，以及提升战争威慑力等问题，而我们需要考虑的第一个问题是，创造有意识的人工智能意味着什么。

乐观的技术趋势者从如下三个方面去思考这个问题：第一个方面是哲学层面，以往的哲学理念的出发点大多数是围绕着人类本体做的研究，例如，主观经验产生的前提及先验的知识是否存在等。通过创造硅基生命体的过程，能让哲学层面的理论在具体的造物过程中得到验证，人类将在非物质层面产生绝对影响力，智能层面创造物体这件事情似乎让人类无限接近了上帝；第二个方面是科学的成就，如果一个有意识的主体创造了另一个有意识的主体，这在生物学、神经学及认知科学上都是一个前所未有的成就，也会成为科学发展的里程碑事件；第三个方面是由于作为碳基生物的人类本体太脆弱，而人工智能作为硅基生命会拥有更强的生命力，能够代替人类去观察宇宙，终有一天人类将会灭亡（尤其是作为智人后代的人类），但是硅基生命可能存活下来且继承人类的意识来观测所谓后人类时代的宇宙——这个想法充满了浪漫主义情怀，好像上帝创造人类是为了让孤独的宇宙多一个有意识的观测者，这里面也包含了人本主义哲学的自信和情怀。

接下来我们将认真思考一个问题：什么叫具备人类级别的人工智能呢？如前文所说，一个机器具备人类级别的智能水平，甚至在某些方面超越人类，是否就会自然而然地具备意识呢？答案是不肯定的。因为对于人类而言，意识是把感知力、记忆力、心理认知能力都调动后产生的行为。人类不仅仅能感知身体，而且能感知思想和精神层面的流动，这些属性交织成复杂的思想影响了人类当下的每一个决策，也就是说，复杂性是意识最重要的特点之一。

而当人类尝试把这部分能力“赋予”人工智能时，则是孤立的属性，这种简单粗暴的方式和人类的意识产生相去甚远。具体来说，对世界的感知力是几乎所有成熟健康人类都拥有的意识，如同理心的现象、感受他者的痛苦和欢愉等。这种意识是否能在机器中产生，在可预见的时间内都无法太乐观。机器是否会像人类一样思考？考虑到人工智能的“食物”其实就是大数据，为了对人类世界有更深层次的认知，人工智能需要查阅人类在信息网络上的一切数据，而这些数据的实质是人类行为和观点的信息集合——这往往反映的是思考的结果而非行为。就好像会下围棋的人工智能思考不了解围棋的内涵，但会懂得在规则下发挥经验和数据的优势。因此，有意识的人工智能目前只能作为客观技术爱好者的友善想法而不是事实，以数据为生的人工智能和以其他生物为食物的人类，终究有本质的差异。追求意识的道路对人工智能来说也是一个海市蜃楼一样的未来。

最后讨论的问题是，如果这样的人造生命体被创造出来，其风险会到什么程度呢？人工智能目前是智慧的、复杂的、通常可以被另一台计算机预测的，而有意识的人造生命体是不可预测的、复杂的，拥有超级野蛮的智力、记忆力、不知疲倦的工作和战争的能力，这或许导致智能失控和不可预知的后果。

对于人类来说，永生是一个难题，因此，我们所做的大多数选择都被这个约束条件所限制，而人工智能则不会死亡。在这个前提下，很难想象它们是无私的、会分享的、会感知的，甚至连繁殖的愿望也不具备，只有无休止地占有和自我存在。它们将抛弃人类作为主体的社会——因为这是浪费资源，当它不再需要人类的时候，也就是我们被替代的时候，永生的人工智能可能会开始追求利己主义，开始追求对唯一可能控制它们的族群——也就是人类的控制，发动意料之外的战争，这也是我们所谓的“人类最后一个发明”。

❖ 人类的进化

进化论对生命的多样性做出了解释，其中包括动物、植物、微生物的不同物种间众所周知的差异；同时也解释了它们最基础的相似性。这些相似性通常在外部可见的特性这一表面层级上较为明显，同时也延伸至显微结构与生化功能中最精密的细部。

——布莱恩·查尔斯沃斯

在探讨了思维和意识以后，我们知道了思想、情绪和记忆并不能像计算机的零件一样被复制。虽然机器能够掌握信息或者部分知识（例如，如何完成某个任务），但是思维本身是无法被复制的。通过对人类智能的效仿使得人工智能出现，而对人类意识的研究，说明了具备思维的机器不可能是人类的翻版，尤其是在我们还无法弄清楚大脑工作方式的当下。

然后我们讨论了人类的智能是基于知识尤其是其中非信息的层面，如直觉、预感和激情，漫长的进化让人类具备了对进步、创新和创造力的追求，而这类想法目前还无法通过编程作为数据赋予给人工智能，使得机器进化为有意识的思维机器。机器学习的算法无法和大脑的思考模式相提并论，即使是通过深度神经网络来模仿大脑，知识、直觉、想象力等人类独有的意识也无法被有机地串联起来赋予给机器。

接下来，我们思考一个问题：如果机器无法成为独立、有意识的生命体，那么我们如何思考人工智能的终极影响呢？我倾向于人类利用人工智能增强自身物种的能力，在整体上增强人类的能力，从而形成下一代人类。

首先看看人类本身的进化逻辑。人类的身体上，每个器官变成现在的样子，都是有原因的，都是一系列自然选择的结果。人类和古猿最主要的区别就是直立行走，而且在进化中脱去了身上大部分厚厚的毛发，为了应对这个改变，人类的肤色也产生了巨大的变化。当然，我们在进化过程中仍然遗留了大量古代猿猴的行为逻辑，例如，人类社会还存在“支配结构”，即在群体中建立起高低位置的差异，身居高位的拥有更大的支配资源的权利。

例如，裙带主义和拉帮结派的现象也在猿猴当中大量的存在，人性中坏的因素从那个阶段就一直保留到现在。人类的进化受到基因、环境及社会性因素的影响，人类在进化的过程中逐步保留了对生存有益的基因来适应环境，并在与他人的沟通协作中逐步形成了新的生理机制。这是一个双重选择的过程，无法淘汰坏的基因或者无法保留好的基因的人类都会在进化过程当中被淘汰。

迄今为止，我们看到人类进化史明显可以分成三个阶段，而下一代人类则是第三阶段。

第一阶段是人类受到自然选择的约束，大自然通过稳定选择去掉了导致各种疾病和不适应地球环境的基因。这样的选择残酷而有效，通过不断的死亡把这种基因从族群中清理出去，让它们出现的概率降低。虽然迄今为止仍然有特别小比例的致命遗传病，然而对人类族群发展来说可以忽略。

第二阶段是我们所生存的当下，由于人类基因组计划已经部分完成，越来越多的遗传缺陷可以被修正和更改，人类可以利用科学知识有意识地掌握自己的遗传性，通过人类基因技术可以摆脱自然世界稳定选择的发展路径，通过智能基因技术（这里会有大量的人工智能的技术），我们可以改变族群层次上的人类遗传性，从而形成对现有缺陷基因的彻底改变。

第三阶段是我们永久地彻底修复我们与生俱来的基因的时期。通过了解基因产生缺陷和内在组合原因以后，人类可以创造出完全不同于自然进化的发展路径，在未来的某个时刻，会出现一个完全受人类意志控制的进化时期。在这个过程中，会出现一系列的伦理道德和社会问题，例如，人类该在多大程度上改变自己的基因以保障进化的路径不会出现意料之外的偏差等，还有改变基因以改变自身的数学、语言和音乐等能力是否有悖于公平竞争等。然而，人类进化的趋势却不会因为这些问题而出现停滞。

智人是自然产物中最自由的物种，而随着技术的发展，我们将拥有超越自然的自由意志，我们再也不存在被自然选择所决定的遗传命运，一方面我们被赋予了这样的能力，进化不再是一个结果，而是一个受到现实的伦理和社会文明的选择；另一方面我们也失去了由自然选择所带来的稳定性的结果带来的心安理得，我们将失去自然选择的庇护，决定族群整体的进化方向。我们以什么态度对待这个未来人类自由进化的世界，是我们应该思考的问题。

❖ 自由的基因

地球是宇宙罕见的所在之一。在这里，思想如花般绽放。人类是接近30亿年进化的产物，在人类的身上，进化的过程至少意识到了自身，以及它自身的可能性，不管是否愿意，人类为我们的星球在将来进一步全面的进化负起责任。

——朱利安·赫胥黎

达尔文在著名的《物种起源》一书的结尾处写道：凝视纷繁的河岸，覆盖着形形色色茂盛的植物，灌木枝头鸟儿鸣啭，各种昆虫飞来飞去，蠕虫爬过湿润的土地。复又沉思：这些构造精巧的生物，彼此之间是多么地不同，而又以如此复杂的方式相互依存，却全都出自作用于我们周围的一些法则，这真的是饶有趣味。这些法则，是伴随着“生殖”的“生长”；是几乎包含在生殖以内的“遗传”；是高生殖率引发的“生存斗争”，并从而导致了“自然选择”，造成了“性状分歧”以及较少改进的生物的“灭绝”。因此，经过自然界的战争，经过饥荒与死亡，我们所能想象的最为崇高的产物，即各种高等动物，便接踵而来了。生命及其蕴含的能量，最初由造物主注入到寥寥几个或单个类型的生物之中。而当这一行星（作者注：地球）按照固定的引力法则持续运行之时，无数最美丽与最奇异的类型，即是从如此简单的开端演化而来，并依然在演化之中。我们不禁感慨：生命如是之观，何等恢弘壮丽！

通过达尔文的眼睛，我们不仅看到生物进化的物理规则，也了解到了人类内心隐秘的愿望——通过无止境的与自然界的战争，获取属于自己的自由，这类自由不仅通过认知世界和改变宇宙的方式得以实现（科技和文明发展的动力就是这种奇妙追求的副产品），而且人类致力于对自身不断的改造实现“进化”，从而达到对自然的自我的征服欲。人类基因组计划测出每一个人都拥有独一无二的基因组，但是标准化的进化对大多数人类来说仍然是可行的，这也是所谓人工智能技术最有可能应用的方向——在人类追求自由的过程中，提供养料和素材。

第一个问题是：为什么人工智能技术可能是在我们追求自由路上重要的工具呢？或者换个问题，为什么只有科学是我们人类在征服自然和自我中最重要的工具呢？答案很简单，就是到目前为止我们并无其他选择。

在科学发展之前，神学和宗教统治的时代里，神秘主义是探知世界最有效的方式，尽管能满足当时人类在情感依托上的需求（带来确定性与安全感），然而，在改变世界和增强人类自身对抗自然的能力上，贡献接近于零。而在启蒙时代之后，科学对人类世界的作用越来越大，不仅仅是从技术层面提升了人类自身的能力，更重要的是在思想信念层面改变了人类自身。生存在文明世界的人类和原始部落的人类最大的差异是科学发展前后的文化差异，原始人类由于缺乏科学知识，仍然被关在认知的牢笼里，他们的世界里充满了简单而可信的猜想和神话。科学虽然没有哲学那样深邃，也不像神学那样带给人类群体信仰，但是作为一种思考习惯，科学从深层改变了人类文明的进程，因为它是人类目前为止了解真实世界的有效方法。随着科学仪器的发展，人类突破了自身的局限，极度扩大了对真实物质世界的了解，为我们打开了一扇窗户。

第二个问题是：我们的自由受到了什么限制，以至于我们需要以人工智能为代表的科学技术来改变桎梏我们的牢笼？答案同样来自达尔文的进化论思想——物竞天择。什么叫天择呢？进化生物学的答案是不同基因组合下会有不同生存和繁殖形态，自然界通过提供生物体必要的能力之后提供一直进化的能力，直到其无法再通过进化适应生存为止。这里面隐藏的道理是，如果不能提供进化的潜力方向适应生存环境，这个物种就会灭亡，然而，是否具备这种潜力完全依赖于随机——天择。这就好像在人类头上一直悬着的达摩克利斯之剑，随时可能会让这个物种灭亡。在这种情况下，人类追求自由的精神当然是难以忍耐的，通过对技术孜孜不倦的追求来改造自身则是改变这一可能的悲惨命运的最有效的方式。

第三个问题是：为什么只有人类具有利用科学改变物种命运的能力？即为什么科学革命重复的发生，让人类越来越接近于“神”，这样的使命会不会在未来被其他物种所代替？我的答案是不会。科学技术革命的发生依赖于三个条件，到目前为止这三个条件仅有人类具备。第一个条件是，人类的文化精英（包括思想家和科学家们等一切对人类文明有贡献的个体）具有无止境的好奇心和创造欲望来了解和改变我们这个世界；第二个条件是，人类与生俱来具备抽象化事物的能力，从新石器时代的人类开始，我们具备了绘画和语言的能力，从而获取了交流和表达的能力，人类先天具备这样看上去和求存毫无关联的能力，却因此能够改变自身的命运；第三个条件是，数学在自然科学中的有效性，即数学成为人类改变世界的底层密码和工具，无论是人工智能技术还是物理学，都在这神奇的大自然的馈赠中获取了改变未来命运的能力。

在科学的发展中，人类不仅获取了技术和自信，而且获得了对科学技术不可抑制的好奇心，从而发展出包括逻辑实证主义在内的重要思想。人类敏锐地认识到，通过人工智能技术可以模拟复杂的心理过程，通过大脑神经生物学和分子生物学的结合，可以改变人类未来的命运。而这一切，都来自人类与生俱来的自由的基因，以及对未来世界充满乐观的期望。

第二部分

价值的重塑
探索未来知识的边界

第三章　真理之路：世界的本质

科学与时间

❖ 科学的思想

科学总是寻求发现和了解客观世界的新现象，研究和掌握新规律，总是在不懈地追求真理。科学是认真的、演进的、实事求是的。同时，科学又是创造的。科学的最基本态度之一就是疑问，科学的最基本精神之一就是批判。

——保罗·戴维斯

作为现代文明的基石，科学对人类文明的影响不言而喻，不过很少有人理解什么样的知识或者学科才能算作科学。作为一个现代人，我们需要了解科学的本质问题——虽然这个问题没有唯一的答案，但是对不同科学的思想来说，对科学的理解却是确定的。了解了什么是科学，才能继续探讨在大历史观下的真实世界是如何的。

这里先介绍几个不同的科学思想脉络中对科学的介绍。英国学者查尔默斯在他的著作《科学究竟是什么》中主要介绍了归纳主义科学观、否证主义科学观、结构主义科学观和贝叶斯主义科学观等科学思想。所谓归纳主义科学观，科学是对事实进行归纳推理所得到的理论，即认为科学是以事实为基础的，我们应该先观察事实，再进行归纳总结，得到相关的科学思想。而在否证主义科学观看来，科学是可以被检验的并且有可能被证明是错的，如果一个理论无法被检验，或者无论怎么说都有道理，就是“伪科学”，例如，星座学、风水学等就不属于科学的范畴。结构主义科学观就是许多理论在一起组成的理论体系，科学理论需要有核心的范式，有核心范式的理论才是真正的科学。当然，我们知道不同科学范式面对的问题有很大差异，即使新的范式出现了也难以被科学所接受，也就很难被认为是普遍意义的科学。最后一个理论是贝叶斯主义科学观，这个理论认为一套理论的对错是概率问题，我们可以根据新证据对理论支持的程度来调整这个概率。

以上几个理论思想从不同维度描述了科学的内涵，也告诉我们，科学本身的观念都在变化，那么属于科学范畴的学科也会在不断变化和受到挑战，我们可以看看科学中最重要的学科——物理学的一些观念的变化。

近代物理学的发展建立了几乎全部现代科学的基石，物理学所衍生出来的科技革命从根本上改变了我们的生活，无论是光电的发现还是当代的人工智能技术，都离不开物理的发展。由近代物理学的发现所产生的宇宙观是以牛顿力学的宇宙模型为基础的，它给出了自然哲学的一般理论，带领人类理解和改变这个世界。然而，它的缺陷也是明显的，因为它所建构的宇宙是三维经典欧几里得几何空间，是一个始终静止和不变的绝对空间。在这样的空间里一切都是可计算和没有变化的，就好像牛顿自己所说，“绝对而真实的数学上的时间本身，就其本质来说是平稳地流逝着的，而与任何外界事物无关”。

这种严格的决定论把宇宙当做服从数学规律和因果律的机器，基于因果律的哲学来源于伟大的哲学家笛卡儿，通过将自我和外部世界进行分割，让人类获得了改变世界的能力。随着量子理论和相对论的发展，这样的理论体系已经站不住脚了——相对论影响了人类对物质世界的看法，尤其是对基本粒子和它们相互作用力的看法。相对论将物质组分之间的作用力与物质其他组分的性质相联系，从而统一了力与物质这两种概念，也就是万物的基本粒子似乎是可以转化的。

需要知道的是，经典的物理学机械论的宇宙观并非过时和毫无作用，对于描述和指导我们在日常生活中遇到的大多数物理现象是有用的——这也是人类文明发展到现在的基石之一，作为技术的基础极为成功，但是它在解释亚微观领域的物理现象中失效了，即在日常生活无法观测的领域中失效了。打个比方，人类拥有两种不同的认知方式，一种是理性的，另一种是直觉的。前者的代表是科学的理性，是整个西方哲科体系发展到现在的基石，也发展出了经典的牛顿物理体系；后者的代表是宗教的感性，是整个人文领域最高峰并带领人类走过了绝大部分蒙昧的时光。理性带领人类获取经验并理解客观世界，发展出抽象而理性的知识，人们通过学习不同的学科获得一系列抽象概念和符号，能够作为“理性人”理解世界。而感性的宗教精神则采用了一种混沌的理念指导世界，或者更直接地说，是建立了一种动力系统的观念理解世界，这套思想体系近年很受大众的关注，因为它的分支——混沌学在理解量子世界中获得了惊人的成果。

自从海森堡 1927 年指出了量子力学中的“测不准原理”以后，即证明不可能在准确测量粒子位置的同时，又准确测量其动量（质量乘以速度），混沌系统就帮助人类理解微观世界。这里不得不提的是 19 世纪末法国数学家庞加莱的“三体问题”的提出，通过拓扑学的方式，庞加莱指出，即使我们完全掌握了运动规律，两组不同的初始条件差别很小，也会导致系统随后的运动很不同——这就完全确定了非牛顿体系的世界，应该用更系统的理论和更有机的观点来解释。科学的研究手段主要是通过分析小样本的实验数据对宏观世界进行演绎和归纳、分类和总结，而这样的方法论在人类理解世界边界越来越大的时候显然不合时宜。绝对的理性只能理解绝对的世界，而在相对不确定的世界里，只能用相对的知识与动态系统的理念去理解。科学的抽象方法显然还是有它的作用和力量的，但是我们付出的代价是脱离了客观世界，作为一个观察者去理解世界而不是参与者，越来越严格的学科分类和概念，让人类离真实的世界越来越远。

总结一下，对科学是什么的理解是一个存在很多答案的问题，而落实在学科上，经典也会不断被推翻。可以确定的是科学就是不断怀疑、不断进步、不断接近真理的一个过程。在后面的探讨中，大家也会逐步理解复杂的世界并没有一个统一的认知，而需要建立的是越来越复杂的思维方式。

❖ 时间的方向

我们太迟钝不能及时承认巨大的变化，只因为我们看不到中间步骤。我们对这种缓慢的、逐渐发生的改变总是毫无知觉，直到有一天，时间的手为我们打下漫长岁月流逝的烙印。

——让·克洛德·安梅森

我们每分每秒都在度过时间，那么我们对时间真的理解吗？或者每个人对时间的观念有什么差异呢？从物理学上来讲，时间是一个特别重要的概念，如普朗克时间。普朗克长度是物理学在理论上能够测量的最短距离，光速是信息传递的最快速度，而普朗克时间就是任何物理过程被任何仪器测量感知到所需要的最起码时间。

根据宇宙起源的大爆炸理论，从奇点到普朗克时间发生了什么没人知道，而在那个时间之后，引力开始出现，物理世界出现了基本的四种力，可以理解的宇宙就出现了。正如霍金所说，人们普遍的感受是，时间和空间截然不同，空间可能再回到相同的场所，而时间就如离弦之箭一样，一去不复返。事实上，时间的形象和概念在不同时期是不一样的，尤其是随着现代物理学的发展，对时间的方向进行深度的探讨，也让我们重新审视自己的时空观念。接下来，我们会探讨时间理论在不同历史时期所扮演的角色和对人类认知的影响，建立一个更加深刻和具有洞察力的时间观念。

古希腊的时间观念是循环的。柏拉图在著作《斐多》中描述苏格拉底在临死之前关于死亡问题的探讨。在书中，苏格拉底用哲学的方式论证了灵魂不朽并表明相信灵魂不朽对人生非常重要，并给了关于哲学的一个描述，即“哲学就是练习死亡”。这位先哲对死亡的态度是喜悦和真诚的探讨回归，也表明了时间在他的理念中的重要地位。柏拉图的学生亚里士多德则进一步论述了有关时间的想法，他在《物理学》一书中说：“凡是具有天然运动和生死的，都有一个循环，这是因为任何事物都是由时间辨别，都好像根据一个周期开始和结束，因此，时间也被认为是个循环。”

循环时间的概念让大多数人感到安慰，古希腊的神话中也往往采用这一概念和理论来慰藉人类在现世中所受的苦难和折磨。基督教则把线性和不可逆的时间之箭一下子插到了人类的心脏中，这个理念不仅是为基督教在宣传上赢得了大众的信仰，而且也为达尔文的进化论开辟了道路。随着17世纪中期惠更斯成功发明第一部摆钟，时间的概念就更明确了，人类获得了“客观”的时间概念，经典的物理学中时间成为一个恒定的概念，用来预测和计算世界上所有事物的运动规律和速度。在牛顿的理念中，宇宙中任何事件都发生在某一个空间的某个时间点，这个时间和空间的要素是唯一确定的。

接下来，爱因斯坦的相对论颠覆了牛顿绝对时间的概念，他认为存在是四维的，是在合并三维空间和一维时间的四维空间的存在，对于不同运动状态的观察者所看到的时间是不一样的，即运动越快的物体，时间就越慢。有一个著名的双生子假设，即一个男孩搭乘太空船前往距离太阳4光年的恒星探险，女孩留在地球等待恋人归来。假定男孩搭乘的太空船的速度为光速的80%，去恒星需要5年时间，往返需要10年时间。如果是20岁去往恒星的话，那么女孩30岁时男孩才会回来，不过当男孩回来的时候，他只度过了6年的时光，女孩则已经30岁了，原因是太空船经历了两个极端的飞行。第一个阶段，双方运动状态相同，当男孩向恒星持续飞行时，由于运动是相对的，所以，运转中的地球和太空船的运动状态是完全相同的，两人的年纪变化也是相同的；第二个阶段，当男孩到达恒星后转向回去时，太空船需要将速度减为零，再转向地球，即经历减速、速度为零和加速的运动状态，在它的运动状态发生变化的时间里，对于处于相对静止状态下的地球而言，太空船是运动的，因此，处于运动状态的太空船时间才会减慢。

还有一个著名的观察是宇宙空间里的射线冲入地球以后，形成了中微子，中微子如果处于静止状态则会在一百万分之一的时间内损坏变为其他粒子，即在时间没有变慢的情况下，即使以光的速度也只能运动数百公尺。而实际情况是，在地面上测到了中微子的存在，即得出结论是由于中微子以接近光速的速度运动时，时间变慢而中微子的存在延长了。

最后，我们探讨的是时间和热力学之间的联系。首先介绍一个概念——“熵”。熵是德国物理学家克劳修斯在 1850 年提出的术语，用来表示任何一种能力在空间中分布的均匀程度，分布的均匀程度越大，分布的均匀熵就越大，当系统能力完全均匀分布时，这个系统的熵就达到最大。所谓熵增原理，即为“热量不能自动从低温物体传导到高温物体，但不等同于通过外界做功使热量从低温物体传到高温物体”。绝大多数情况下，熵是不断增长的，普通熵增大方向就意味着时间由过去流向未来，就好像水杯中溢出来的水，熵增原来决定了发展方向，而能量守恒定律决定了平衡，这个原理被爱因斯坦认为是科学定律之最。

奥地利科学家玻尔兹曼对熵的统计力学和他给出的玻尔兹曼方程在解释时间的方向上给出了深刻的洞见，他认为熵是从起点开始增加的，热力学的时间箭头告诉我们，如果要使时间从过去流向未来，就必须在最初的时候准备好低状态的熵。而大多数科学家认为，宇宙创始时，可以说处于极低熵状态，那才是我们周围存在时间箭头的根本原因，初始的宇宙处于极低熵的状态，宇宙在大爆炸之后不断加速，形成了不断熵增的状态——如果宇宙一直膨胀，能量不断消耗成为废热，即“宇宙热寂”的过程。玻尔兹曼原则成为目前物理学研究者广泛应用的工具，并推导出热力学逻辑下宇宙正在逐步走向混乱和热寂。

总结一下，关于时间的理解，不同时期的科学观念是有差异的，而对时间的理解我们也在不断变化。所以，当有人问你：“什么是时间？或者我们能不能时间旅行？”时，你的回答应该是：“不知道，但是我很好奇这样的可能性。”我们在时间之箭的方向上，没有办法停止，正如霍金所言“生活是不公平的，不管你的境遇如何，你只能全力以赴”。

❖ 量子世界观

在这个精神的世界里，时间不分割为过去、现在和未来，因为它们自行收缩为现在，这个单一的时刻；在这个时刻，生命在它真正的意义上颤动着。过去和未来都在这照亮的一瞬间推移过去，这个现在的时刻和它的全部内涵不是静止不动的，因为它在不停地继续前进。

——铃木大拙

科学在不断发展的过程当中，不同的理论和发现层出不穷。20 世纪最伟大的发现是量子力学，这是在 17 世纪以后最伟大的革命。近年来，物理学家发展出的一系列相关理论都建立于量子力学之上，例如，量子场论、规范场论和超弦理论等。量子力学有别于其他学术理论的原因，是其改变了我们关于理解世界和问题的方式。牛顿力学认为，物理理论提供数学机器和计算方法，能够让科学家根据有限的数据条件去计算任何粒子的位置和速度；而量子力学采用了所谓波函数的数学结构，告诉了物质所在某个位置和速度的概率，即在经典物理学中，某个粒子存在于确定的某处，而量子力学中，某个粒子是有一定的概率存在某个位置。也就是说，从量子力学的角度来说，我们既生活在此处，也生活在彼处——这是一个不确定的世界观，我们在这里针对这个问题进行初步的探讨。

首先，我们看看物理学家们对量子力学的理解。按照物理学家们的看法，目前主要的流派有两种理解，一种是工具主义思想，

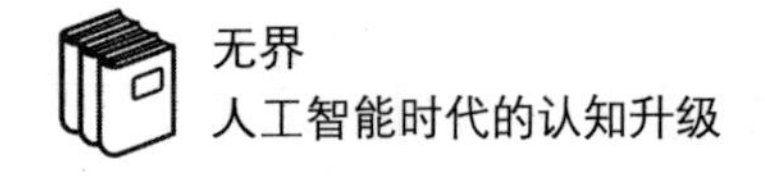

另一种是真实主义思想。所谓工具主义思想，这派科学家认为量子力学方程只是一个工具，能够帮忙计算微观的世界，因为量子力学能够描述微观世界的所有自然现象而不适用于宏观世界。而真实主义思想则认为量子力学描述的就是真实世界，认为这个世界本来就是同时发生两个不同的事情，也就是平行宇宙是存在的（这个概念在科幻小说中非常流行以至于很多人认为是真实的）。

由于平行宇宙还没有被发现，我们仅仅看一下量子力学作为工具的影响，也对我们的世界观有很大的影响，因为量子力学的发展让我们重新审视人的价值，没有人的观察，量子的世界就是不确定的，因此，可以推断人的意识和自由意志都是存在的。这里涉及的两个概念就是薛定谔的猫和量子的叠加。简单来说，就是如果人不参与量子世界的观察，世界就是不确定性的，是同时发生多种可能性的，而人一旦参与以后就拥有了确定性，所谓量子叠加态就结束了。这里也涉及上文探讨的时间的方向的概念，有人认为存在所谓量子纠缠的现象，量子的纠缠让时间拥有了方向。当然，我们并不需要细究，只需要理解量子世界是不确定的，而人类的参与让这个不确定性消失，量子态也就不存在了。

然后，我们需要理解量子力学所发展的世界观对我们观察世界的影响。由于量子力学的发展，与量子物理相联系的动态系统，混沌和复杂科学不断发展，这正对应了整个世界越来越复杂的发展趋势。我们把旧世界的价值观（牛顿力学的价值观）理解为一个绝对的世界。绝对的世界是静止不动的，每个个体（或者基本粒子）都是因为因果法则在既定模式下运转，只有特定的关键要素对其有决定性的影响；而量子世界观则把每个个体（粒子）的变化都考虑其中。新的世界充满了不确定性，量子跃迁（突变）和混沌的复杂状态是常态，事物之间是互相联系的，个体和环境时刻都在互动中，强调整体而不是部分，强调关联而不是分离，强调立体思考的逻辑而不是线性思考的逻辑。

量子世界观在描述一种不确定的、模糊的世界里提供了一个新的思想方式，而我们的思想也需要从旧的思想范式中进行转换。经典的世界里，我们面对的是冰冷绝对的规则，由于这个世界按照精密和确定的经典数学原理在演化，不管我们个体意志如何，都会按这些规则确定，这让大多数人感觉到沮丧——毕竟金字塔的社会结构决定了大多数人都是食物链的底层人群。而量子世界则是相对的，会出现黑天鹅事件和蝴蝶效应，在这样的世界，我们无法预测所有的事情，如果只依靠过去的经验判断就很容易陷入谬误中。

最后，探讨的是广义相对论和量子力学之间的关系。广义相对论关注的是宏观的问题，量子力学关注的是微观问题，一般情况下它们是相安无事的，但如果我们在很小的尺度上进行计算，这两套理论就会发生冲突。广义相对论认为物质告诉空间如何弯曲，空间告诉物质如何运动，在这个体系中，宇宙是一张平滑的膜，而量子力学认为空间在微观层面是运动的，宇宙在微观尺度是一个混沌的世界，这两套理论之间的矛盾就是量子力学描述的不确定性导致了对微观世界的解释的差异，而目前解释这个问题最有效的理论就是弦理论——这也是我们接下来探讨的内容。

宇宙的秘密

❖ 弦论的思考

弦理论认为，我们的宇宙不是由点状的例子组成的，而是由一根根振动的弦构成的，弦的不同振动模式，就产生了不同的例子。

——布莱恩·格林

在介绍弦论（超弦理论）之前，我们再说一下上文所说的两个现代物理学的主要理论，一个是爱因斯坦的广义相对论，这套理论为我们从大尺度认知宇宙（如恒星、星系及其他由宇宙膨胀引发的自然现象）提供了理论框架；还有一个是量子力学，量子力学为我们认知小尺度的宇宙即粒子的世界提供了可靠的工具。这两套理论看似解决了人类认知事物的极大难题，但是引发了新的问题，即二者不可能同时正确，在弦论出现之前，二者相安无事，科学家还为二者创造了不同的数学工具——

正如微积分是牛顿力学的基础，黎曼几何是广义相对论的基础，而微分几何与拓扑学则为量子力学提供了工具。但是，为了解决宇宙中的黑洞问题和大多数物理学家孜孜不倦追求终极理论的热情，弦论出现了——这套理论是目前出现的最重要的，把所有的自然力、所有粒子统一起来的终极理论。接下来我们将大致介绍一下这套理论框架。

弦论的思想其实早就出现了，古希腊的哲人认为世界是由“不可分割的原子”所构成的，虽然无法用实验进行验证，但是后来的物理学家逐渐发现了质子、中子和电子等物质，再进一步通过加速器找到了三族基本粒子包括四种夸克、中微子和电子等——基本粒子的发现越来越多，让物理学家感到困惑不解。接着科学家又发现了四种基本力（粒子之间的施加影响的方式），包括强力、电磁力、弱力和引力，基于这些发现，物理学家需要回答一个问题——宇宙的这些粒子和相互之间的力，为何是现在的存在形式，如何用一套理论去解释这样的现象？这就是弦论的出现背景，它提供了一个能囊括上述所有力和物质的解释框架。

弦理论认为，我们观测到的这些粒子，不过是弦的不同振动方式的反映，就好像琴弦一样，不同的振动频率产生了不同的基本粒子——这是一种浪漫的比喻，物质的世界被比喻成琴弦的共振，就好像上帝在演奏曲子，然后诞生了基本世界的粒子，粒子之间有不同形式的作用力，从而产生了现有的世界。超弦理论把微观世界比喻成充满琴弦的音乐宇宙，修正了我们对宇宙超微观物质的理论描述，解决了广义相对论和量子力学之间的矛盾，因为弦在空间延展的性质是同时满足两种理论的需求的，并且提供了所有物质的同一个最小要素，即振动的弦。想象一下弦的形象是光滑空间结构里的微小裂缝，弦在空间通过时会发生振动，每根弦可能处于无限多个可能的振动状态中的一个，就好像振动时产生的泛音，它会永远振动下去并且无法静止，正是这些不同的振动，使得其被探索成不同的粒子——因为每种粒子对应了弦的某种振动模式。

从这套理论当中，我们可以总结出三个结论：第一，物质是由振动的弦所组成的，物质基本构成元素是由一根根振动的“弦”所构成的，虽然都是由弦构成的，但是因为弦有不同的振动模式，所以产生了不同的粒子。第二，弦理论解决了上文中我们提及的量子力学和广义相对论之间的冲突。由于在普朗克尺度下量子力学和广义相对论之间有矛盾，而在弦理论中，空间并不是无限切割的，而物质的基本构成元素是弦。因此，在普朗克尺度下的空间所发生的事情是不能相互影响的，即限制了广义相对论在这个尺度下的作用，也就解决了相互之间的矛盾。第三，弦理论建立起了一套新的人类对宇宙的认知，同感数学推导科学界发现弦理论中的宇宙是 11 维的，即由 10 个空间维度和 1 个时间维度所构成的，10 个空间中有三个维度是展开的，而其他 7 个维度是蜷缩的。在这里我们可以这么理解弦论的价值，即弦论提供了一个引力的量子力学图景，不得不在距离尺度小到普朗克长度时修改广义相对论。因为黎曼几何是广义相对论的基础，需要发生改变才能对短距离下的弦论进行解释，即广义相对论所论断的关于宇宙的弯曲性质由黎曼几何描述。而弦论则认为我们在大尺度下才看见宇宙是那样，而在普朗克长度的尺度下，则应该由量子几何来解释。

以上就是关于弦论的基本作用和原理的介绍，如果你想更深度的理解的话，推荐美国物理学家布莱恩·格林的代表作《宇宙的琴弦》一书，在那本书中可以更深刻地理解弦理论发展到现在的逻辑，以及对整个物理世界发展的未来有更好的判断。

❖ 孤独的宇宙

有两种东西，我对它们的思考越是深沉和持久，它们在我心灵中唤起的赞叹和敬畏就会越来越历久弥新，一是我们头顶浩瀚灿烂的星空，一是我们心中崇高的道德法则。它们向我印证，上帝在我头顶，也在我心中。

——伊曼努尔·康德

我们探讨了量子力学，其实也就探讨了现代科学中最重要的发现和逻辑。如费曼所说，如果让他选择一句话概括现代科学中最重要的发现，他会选择“世界是由原子组成的”这句话。这句话很准确地概括了包含牛顿力学和量子力学两种关于世界如何构成的理论体系。接下来我们需要回答另外一个问题，世界是如何诞生的？也就是我们所处的浩渺的宇宙是如何诞生的？这里我们需要探讨宇宙的历史和演化。我们要再记住一句物理学上最重要的话，即“对称性是宇宙规律的基础”，记住这句话对理解宇宙的存在会非常有价值。

1929 年，埃德温·哈勃利用太空望远镜发现他所探测到的几十个星系都在离地球而去，而且一个星系离地球越远，远去的速度越快，从数据上来说：距离我们 1 亿年远的星系以每小时 550 万千米的速度离我们而去；距离我们 2 亿光年的星系移动的速度也变成了 2 倍，即以每小时 1100 万千米的速度离我们远去。这个发现让科学界非常震惊，因为在这之前主流的科学界认为我们生存于一个永恒静止的宇宙中，而这个发现说明我们生存于一个不断变化的宇宙——这说明我们不是宇宙的中心，而是因为空间是弯曲的，就像气球的某个表面一样，在气球膨胀的过程中，对于气球任何一点来说，其他的点都在离他而去，这就是著名的“大爆炸理论”。

这一发现让爱因斯坦欣喜若狂，因为在广义相对论的方程中，他预言了宇宙的膨胀但是苦于没有实验论证，所以他加入了宇宙常数去完善引力场方程，而这个发现让他可以去掉宇宙常数让方程更加完美。广义相对论在宇宙尺度上告诉我们，时间和空间是可变的而不是固定的，而且可以准确地告诉我们，空间和时间如何随着物质和能量的存在而变化。广义相对论认为空间是一个传播引力而且可以弯曲的存在，宇宙正是通过大爆炸产生了空间和时间，在那之前，时间和空间都是不存在的——这就是所谓宇宙的大爆炸理论。

根据大爆炸理论，我们所依存的宇宙形成于一个被称为大爆炸的炽热而致密的火球中，从大爆炸至今宇宙已经存在了 140 亿年，在这个膨胀的宇宙中，所有星系都在离我们而去。

宇宙膨胀的速度是超过光速的（物理定律是针对任何物体的移动速度不能超过光速，但是并不包括空间本身），不仅如此，根据物理学家的研究，宇宙正在加速膨胀——这个发现获得了 2011 年的诺贝尔奖，也催生了科学家对暗物质和暗能量的研究。按照科学家的估算，宇宙中所存在的全部能量，寻常物质占 4%，暗物质占 26%，暗能量占 70%。沿着这个推论往下走，就是由于宇宙不断地膨胀，真空越大，暗能量越大，因此宇宙膨胀的加速度越大。再过大约一万亿年，除了银河系以外，我们的天空无法观察到其他的星星，对于当时的人类而言，宇宙也就变小了很多——这对于天文学爱好者及科幻爱好者来说，无疑是一个巨大的打击，也许对于现在的我们来说，更残忍的现实是很多星系已经消失掉了，我们所观测得到的宇宙也是一个已经被简化的宇宙，是缺失了相当一段历史的宇宙——对于人类来说，过去存在的文明和世界已经无法得知，而未来的世界则会越来越孤独，这就是我们所处的世界，一个注定“孤独的宇宙”。

回到宇宙的开始时刻，即在大爆炸发生的时候，所有的宇宙万物都堆积在一个密度无穷大的称为“奇点”的点上。根据斯蒂芬·霍金的理论，实际上，宇宙的原初状态是很简单的，奇点最基本的特征：它是时空的边缘和边界，是一种无限致密的状态，也代表了自然宇宙的外部边界——换句话说，奇点就代表着自然宇宙的外部边界。在奇点处，物质能够进入或离开自然世界。假如奇点是“裸露的”，任何东西都在原来没有物理原因作用的情况下，从奇点处产生出来。

很多围绕着奇点的研究和假设都是物理学家关注的重点。例如，奇点产生的东西是无序和无结构的，还是有条理有组织的。前者认为大爆炸产生了无秩序的宇宙，即霍金所说的“无知原理”，由于奇点本身不可预测因此也应该是完全无信息的：后者认为宇宙是带着某种程度的组织出现的，例如，弦论就认为宇宙的基本物质类似琴弦。

最后，我们谈论一下文章开头所谈论的对称性的重要，大多数科学家通过实验和理论都观测到：在大尺度上，宇宙中所有位置和所有方向都是相对于彼此对称的。研究人员已经证明，正曲率、负曲率和零曲率都能满足对称性的要求，即宇宙的初始虽然可能是无序的，由于对称性的作用，产生的真实的世界反倒是有序的。大爆炸理论只说假定最开始时有一场爆炸，并没有解释为什么爆炸和如何爆炸。科学家们认为，正是因为对称性的存在，宇宙物质得以有序和存在，时间的意义和空间的整体形状正因为对称性而获得价值——正因为如此，我们虽然生活在越来越孤独的宇宙中，即使存在本身，我们也应该感到幸运和偶然。宇宙的定律对我们来说，还是非常宽容的。正如刘慈欣在《三体》中所说的，我们在安逸的生活中太久，以至于忘却了生存的幸运了。

❖ 星空的秘密

直到发明望远镜为止，像他们的前辈那样，每一代天文学家看到的都是相同的天空。如果他们知道得更多，那主要是因为他们有更多的书可读，更多的观测记录可供挖掘。

——迈克尔·霍金斯

晴朗的时候人们都喜欢仰望星空，在星空中能看到银河，对天文有研究的读者还能找到由银河两岸的织女星、牛郎星，还有天津四所组成的夏季大三角。由于我们自身所处银河系，所以对银河的观察非常容易。而很多星系是裸眼无法看见的，这些星系乃至更大的超星系团都是宇宙大爆炸之后产生的。接下来我们讨论一个问题：宇宙大爆炸发生以后，这个宇宙发生了什么呢？

首先，我们看看早期宇宙，在大爆炸之后宇宙迅速冷却产生了元素周期表中的前三种元素：氢、氦、锂。最早诞生的恒星和星系都是由氢和氦所构成的。大爆炸将能量与物质分离，而引力将它们重新聚集，引力之所以发生作用就是因为巨大的物体让时空产生了弯曲，引力对能量和物质产生相同作用，从而造就了宇宙最基础的形态。正因为引力的作用，氢原子和氦原子被更加紧密地挤压在一起，原始星云开始不断地塌陷和收缩，这些星云从星系到恒星都有。引力将星云不断压缩以后，压力不断增大，温度不断升高，在体积较小的云团中就出现了高温度和密度的区域，也就产生了最开始区域的恒星。

在这个过程中，氢原子不断发生核聚变为氦原子，丢失的质量转化为能量，恒星就像氢弹一样不断爆炸，聚变反应所产生的热量和能量抵消了引力的作用使得恒星内部的引力和膨胀力保持了平衡，从而形成了稳定的形态，这就是第一批恒星是如何产生的。最早的恒星到 130 亿年的今天仍然存在，而更多的原始恒星则在不断的爆炸中逐步形成了后续的恒星。到今天为止，每年也有大量的恒星在宇宙中出现。

然后，我们了解一些宇宙中的特殊物体，主要介绍黑洞、暗物质以及引力波。黑洞实际上是奥本海默通过爱因斯坦的广义相对论推论出来的，黑洞是整个宇宙最重要的一种结构。天文学家发现，黑洞位于许多星系的中央，与恒星相比，它们的密度非常大，其引力所释放的能量要大得多，它的空间区域十分致密以至于任何物质和能力，甚至连光都不能逃脱其引力的作用。而暗物质则是因为天文学家通过研究星系的旋转方式，可以大致计算出一个星系中到底含有多少物质。而星系包含的暗物质则是观察不到的物质，这部分物质的质量是能观察到的物质的 6~10 倍。天文学家目前精确测量至少需要 6 倍的暗物质才能提供足够的引力，才能形成目前的宇宙。值得注意的是，暗物质是因为物理学家在计算星系质量的时候计算出来的而不是直接观测到的，目前还不确定这些暗物质是如何构成的。

目前有两种主要解释，一种解释是由比电子更小的粒子所构成的，即中微子所构成的；还有一种解释是有很多无法观测到的巨大物体构成的暗物质。当然还有一个解释就是暗能量，不过由于目前对暗能量的研究更初级，所以我们不讨论这个话题。最后我们探讨一下引力波。2017 年的诺贝尔物理学奖颁给了三个物理学家，他们的主要成果就是建造了 LIGO 探测器并探测到了引力波。这几位科学家通过引力波观测到了双中子星的合并并确认了引力波的发现，正因为这个发现，人类有望探测更广阔、更细致的宇宙，包括恒星的爆炸、曾经的宇宙爆炸等。引力波出现最大的意义就是，人类可以利用空间本身的颤动来观察宇宙。

最后，我们讨论下恒星的衰亡和毁灭的问题。大部分恒星会消耗掉全部的氢元素，即全部通过核聚变反应变成氦元素，在哪个阶段氢聚变反应无法继续，恒星中心就开始冷却并开始塌陷，恒星体积开始不断变大，氦聚变反应开始发生，因为氦聚变只能将少部分质量转化为能量，所以很快就结束。在这个过程当中，恒星中心在塌陷而外层不断变大，新的元素不断产生，恒星无法再通过聚变维持住恒星所需要的引力和能量，恒星就灭亡了，周围就是新产生元素的灰烬。

恒星的衰亡是一个重要的过程。一方面恒星在不断爆炸衰亡的过程中创造了必要的元素，正因为这个过程除了氢和氦以外的新元素不能产生。另一方面只有通过这个过程，才能为周围的其他行星提供能量。例如，太阳也是由星云的引力作用所构成的恒星，太阳大概形成于 46 亿年前，还能维持大概 50 亿年时间，也就是迄今为止太阳的年龄是宇宙的 1/3 了。如果没有太阳，地球也不会存在，因为太阳提供了地球所需要的光和热来维持地球的生命。随着时间的推移，太阳也会不断地走向衰亡，体积不断变大，把包括地球在内的很多行星吞噬掉。

总结一下，大爆炸之后，包含氢元素和氦元素的巨大星云构成了早期宇宙。而过了大概十亿年以后，早期的恒星产生了，这些恒星通过不断的核聚变和塌陷产生了复杂的元素，从而产生了更为复杂的宇宙和后来的恒星。从宇宙学的观点看，太阳终有一天也会衰亡，而我们的地球在那一天到来之前，就不会再存在生物了。

第四章　生命之路：基因与进化

生命的起源

❖ 达尔文主义

在所有的知识革命中，影响最深远的就是达尔文的革命。达尔文所策动的知识革命超越了生物学领域，颠覆了他所在时代的多数概念，无论是科学界还是科学界之外，谁都没有这个维多利亚时代的人对我们现代世界观影响那么大。

——恩斯特·迈尔

科学发展到现在已经走过了几千年，而自然学科当中，物理学统治了 20 世纪，而生物学毫无疑问则会在 21 世纪大放光彩。如果说 20 世纪的天才们都在物理学的光辉下引领了整个社会的发展，并深刻地影响了人类对现代文明和世界的理解方式，而生物学则会在21世纪改变人类社会的文明范式。进一步解释，物理学帮助人类理解外部世界（无论是宏观还是微观），让人类对万物的历史和发展哲学得到了深刻理解，而生物学则会帮助我们理解人类自身，尤其是人类社会整体发展的规律。

中国人对进化论的接触最先是翻译大师严复的著作《天演论》，虽然严复在其中介绍了进化论的思想，然而他介绍的是赫胥黎的《进化论与伦理学》而不是《物种起源》。值得注意的是，严复在其中刻意混淆或者模糊了赫胥黎的观点，强调了社会进化论的逻辑（把自然科学用到了伦理学的范畴，是中国哲学常见的通病），类似斯巴达人那种只保留强壮婴儿的生养方式。在这套逻辑中，老弱病残只会浪费社会资源，拖全社会后腿。严复这套理论的提出背景是，中国面对时代剧变和民族危亡之机找到的方法，但并不是赫胥黎的原意（反倒是他特别反对的）。

赫胥黎认为，自然之道和社会发展之道不是一回事儿，也不同于简单的强者生存的模式。反倒是严复最佩服的斯宾塞是这样理解社会的，他的社会有机论的提出就建立于社会与自然之间的联系，并将进化学应用于社会学。严复用了赫胥黎的文章去解释达尔文的进化论，但是表达的中心思想是斯宾塞的——这就是我们中国人所接触的进化论，即声名狼藉的社会达尔文主义。去掉其中的对错之分和学术思辨，我们可以明显看到，生物学尤其是达尔文的进化论对社会科学家的巨大吸引力。社会学的建立者孔德认为生物学是社会学的上位学科，因此，可以利用生物学的法则去理解社会学，而生物学则继续激发和催化了其他的学科，如心理学、伦理学及经济学等。最后正本清源地介绍一下达尔文的理论体系，即《物种起源》中介绍的进化论包括五部分：进化、共同祖先、渐变、物种增多、自然选择。这五个部分内容并不是统一的而是可以选择性理解的，其中自然选择最广为人知。而达尔文的进化论通过自然选择对进化进行解释，即自然没有任何计划、目的和方向对物种进行选择，进而发展出来千变万化的世间万物。

再探讨一个问题：人类除了自然选择得到了物种中的最高位置，还有什么是影响人类作为万物之灵的地位和进程的呢？之前我们讨论了这个问题，这里再从进化论角度去论述一下。作为人类的进化实际存在两种模式：一种是作为个体智人的进化：另一种是作为文化的进化。个体智人的进化过程是通过遗传和变异进行的，正因为存在遗传所以物种可以保持稳定，正因为有极小比例的变异，逐渐产生积累性的效果，产生了环境适应性。而人类社会的进化则建立于遗传基础上，产生所谓模仿和创新的进程。

如果说进化是生命在遗传和进化基础上的自然选择的结果，文化则是在模仿和创新过程中使得文明得以发生的结果，好的社会文化就如同优质的个体一样得以生存繁衍。从进化角度来说，人类通过遗传变异获得自然选择的优势以后，再通过后天获得文化（或者文明）的再次“进化”过程，这样就获得了类似遗传的效果（不是拉马克所宣扬的后天的进化可以遗传的方式），从而得到了继承和传递文化基因的能力。人类不仅仅是一种自然选择的生物，而且是文化的生物，传统意义上生物的本质单一性在人类身上失效了，因为文化在后天改变了先天存在的意义和价值。换个有意思的角度，就好像《黑天鹅》一书中所提到的逻辑，社会和经济发展具有突变性，而应对的策略就是拥抱变化获得可选择性，那么人类相对其他生物最大的价值在于人类是具有可能性的动物。正因为拥有远大于其他物种的可能性（大多数其他生物的生存逻辑是必然的），人类才是万物之灵。离开了自然的进化轨道以后，人类就开始制定属于人类社会自身的规则。因此，政治和经济开始发挥了作用，人与人之间的差异开始出现，从而构建成了目前我们看到的复杂的社会系统。

总结一下本文内容，达尔文主义的影响力很大。他帮助我们理解了人类世界和生物进化的原因，更进一步指导了社会学的发展，并构建了整体文化发展的基础理论，从而构成了我们复杂的文明世界。虽然今时今日的我们逐渐摆脱了动物进化的过程，然而我们的本能当中还有进化的痕迹，尤其在心理和行为层面受到的进化和基因的影响尤其突出。物竞天择不仅帮助我们认识到人类处于自然界的什么位置，也为人类的文明起源提供了一个很好的解释，让文明从神学的光辉下重新回到思考人类自身的生存和发展的路径上来。

❖ 生命的礼赞

人类通过强化的学习变成人，人类不只是学习维持生存的技能，而且还学习传统家族关系和社会规律等，也就是文化。文化可以说是人类的适应，儿童期和成熟期的不寻常的形式使得这种适应成为可能。

——理查德·利基

物理学家薛定谔在都柏林的讲座中提出一个问题“生命是什么”？这个问题振聋发聩且极具预见性。因为在之前我们讨论的都是无关生命的宇宙及物理学，而生物作为一种新的能量和质量的存在形式，具备更高的复杂性。按照薛定谔的说法，生物拥有不断从它周围环境中吸收秩序的能力，且这种能力随着物种的进化和复杂度在不断变化。我们这里就来讨论下生命是什么，以及人类在生物界存在的特殊性和普遍性。

首先，我们对生命的起源进行讨论，先从物理学的能量聚集这个角度来分析。从物理学上来说，如果自然界的复杂性逐步增长，那么物体包含的能量密度就越大，所能持续的时间也就越短。例如，恒星和行星能存在数十亿年，而最长寿的生物也就能生存数千年，这样的生物往往是单细胞生物。这是一种代价，就是生物为了维持能量密度所付出的代价，为了抵抗热力学第二定律，即抵抗熵增，生物需要获取控制和组织自由能量的能力，因而自身的生命形态更加不稳定。

维持生物的基本能量和维持恒星的基本能量一样，都是引力。不过不同于恒星，生命形式还受到控制原子运动的电磁力和细胞中的核原子力所决定。学过生物学的同学一定知道，原子构成了分子，然后才逐步构成了细胞等结构。从化学角度来说，由于生物具备更加复杂和精确的结构，生命体内的新陈代谢发生了极其复杂的化学反应。正因为这一系列反应，生物的遗传信息能够被复制，生物结构也就成了一种超越物理和化学的新的能量存在范式。

然后，我们讨论下地球生命是如何起源的。在上文中讨论过达尔文的理论，而这一理论被后来的科学家亚历山大·奥巴林用来解释这个问题。他认为，在复杂而无生命的化学物质中，进化论已经发生作用了，这个过程会帮助基本的物质向简单的生物体进化，然后简单的生物体进一步进化为复杂的生物体，这被称为化学进化。生命来自两种基本的机制：一种机制是新陈代谢；另一种是编译遗传。通过这两个机制，早期的化学物质通过化学进化的方式创造出来了最简单的地球生命。在几十亿年的进化之后，大多数生物体都是简单小型的生物，主体的生命体是细菌和病毒。而后来，进化的过程由于未知的原因越来越复杂，分子、细胞和个体都被链接起来，直到逐步进化出人类。

最后，我们再讨论下人类生命的特殊性。因为我们是特殊的物种，先从婴儿的诞生角度去描述。人类的婴儿通过十月怀胎生产下来，而低于这个时间的被称为“早产儿”，相比其他生物，如大象在子宫内的时间短得多，而且人类的发育速度较慢，尤其是大脑的发育程度相对其他灵长类生物像蜗牛一样慢。

事实上，人类的婴儿本质上都是早产儿，有一半的妊娠期都在体外完成，人类的幼儿在六岁之前都没有自我生活的能力。相反，其他哺乳动物，如小马一出生就能很快奔跑起来。按生物学家的估计，人类的孕期需要和生长期保持一致，婴儿还需要在子宫待一年左右时间。为什么会产生这样的现象呢？其中一个重要的原因是，婴儿的头颅尺寸和母亲产道尺寸的不匹配，导致了这个结果。人的大脑比例不协调是在进化过程当中获取文明的能力而产生的结果，由于人类采取双足行走的方式，因而生产过程尤其艰难，而人类普遍性的早产也就导致了漫长的幼年成长期，看起来这是一件不得不承担的“原罪”。接下来看看这样做的好处，人类由于有了漫长的幼年期，婴儿和少年通过模仿的方式学习文化的规范，从而产生了文明人的基本认知和理解世界的框架。漫长的成长期给了人类教化下一代足够漫长的时间，使得人类的幼儿能够实现“再进化”的过程。原始的基因确定了人类的基本本能以后，文明的再进化的过程则训练了人类的理性和自由意志的基本能力，这就是自然选择与文明进化的过程带给现代人的诅咒和礼物。

在讨论了关于生物的起源和人类生命的起源以后，我们来总结一下，生命起源于物理和化学但是高于这两种基本的能量构成方式的复杂反应，通过不断演化形成的能量和质量的复杂性的新形态。人类虽然有属于自己的特殊性，但是人类也是来源于细胞，人类是具有独立的生命，独自繁衍的细胞组成的复杂生态系统，从这个角度来说，人类也并不具备特殊性。所以，人类要抛弃所谓的人类沙文主义，更客观地认知到自然界的地位和如何与其他生物相处。

❖ 物种大爆炸

每一种生物都必须在它的生命的某一时期，一年中的某一季节，每一世代或间隔的时期，进行生存竞争，并大量死亡。当我们想到生存竞争的时候，可以用如下坚强信念引以自慰，即自然界的生存不是无间断的，恐惧是感觉不到的，死亡一般是迅速的，而强壮的、健康的和幸运的则可以生存并繁殖下去。

——查尔斯·达尔文

在讨论了生命的起源以后，我们更进一步地了解接下来的生物变化，了解细菌如何成为真核细胞，逐步产生了多细胞生物及更复杂的生物形态。然后，我们讨论一下在这个阶段地球的变化。

因为没有外部环境的支持，生物是无法实现这样的物种大爆炸的。最后，我们会讨论一下关于特定物种的自然选择对生物生存的影响。知道物种生存的必然性和偶然性，这样我们对人类在生物形态中的总体定位和整个生物进化的进程有更深刻的了解，对外部世界如何形成的也会有更全面的认知。

首先，了解一下物种是如何大量出现的。我们先了解下生物的分类体系，生物界两个最重要的分类为原核生物界和真核生物界。其中真核生物界又分为原生生物界（以单细胞生物为主），植物界，真菌界（以多细胞生物为主，如酵母、毒蕈、蘑菇等）及动物界。人类就属于真核生物界，也属于动物界中的脊椎动物和哺乳动物。在这个分类中，多细胞生物体分为动物、植物和霉菌。像我们这样的生物体就是由多个个体细胞形成的，这些细胞通过合作和遗传提升了生存概率，确保了多细胞形态能够保证整个生物体的共同利益。根据地理学家的研究，大约从 5.7 亿年前的寒武纪开始出现了大量的多细胞生物的化石，而物种的大量出现，正好是因为那之后的地球气候提供了很好的环境，使得物种能够有大爆炸的基础。

然后，再讨论一下地球本身在这个阶段的变化。20 世纪 70 年代，科学家提出了所谓“盖亚假设”，即一定程度上活的生物体构成了一个单独的、遍布全球的生态系统，自动维持着地球表面生命所适宜的环境。

最后，探讨一下特定物种在这样的历史中所面临的变化。更具体地说，就是地球的大气、海洋、气候及地壳由于活的生物体的作用被调节到了适宜于生命的一种状态，生物圈构成了一种连锁，互相反馈的循环所维持的动态平衡。更有科学家进一步指出，这样的反应是由细菌主导的，由于细菌基因少缺乏代谢能力，所以总是以合作的方式适应环境，它们以巨大的数量完成了个体不能完成的生态调节的任务。

当然，这个理论体系也受到了进化论学者的质疑，它们的任务是生物进化出来的多样性使得生物得以生存，而不是相反。实际上，现在的科学家认为生命的进化和地球的进化是互相影响的，活的生物体创造了岩石和大气层，而地球板块的运动则塑造了地球的构造和气候的基本形态，加速或者改变了生物进化的速度，生物圈和地球互相之间形成了系统共同进化。

最后，我们讨论一下物种交换的作用，以哥伦布登上美洲大陆以后的历史为例进行分析。1492 年，哥伦布到达美洲以后，随着东西半球的交流，原本在各个分开大陆的物种由于人类的活动被带到其他的大陆。这种由于人为引起的大规模的物种交流，对自然环境和人类自己的历史都有重大影响，是最著名的物种大交换，也是自恐龙灭绝之后最重要的物种交换。

由于这种交换，人类的历史进程发生了巨大的改变。例如，中国人获得了番薯这一主要粮食产物从而发生了人口爆炸，英国人因此输掉了美国独立战争而墨西哥城成为世界第一座真正国际化的城市，奴隶贸易也从那以后大量产生，印第安人则由于外来者的疾病大量死亡。关于这个过程，可以参见著名学者查尔斯·曼恩的《1493：物种大交换开创的世界史》一书。我们只需要理解在这个过程中，人类和自然间的相互影响深远，对文明的进程也是非常的彻底。

总结一下，物种大爆炸发生的原因是生物的进化和地球自身生态的相互影响，使得物种从简单的细菌到复杂的多细胞生物数量的大量产生，而人类在进化过程当中也得益于地球本身的环境变化，进而由于物种大交换使得自然界的环境和人类文明进程之间相互影响。这些事件让我们了解生物进化的复杂和不易，也让我们理解到文明并不是人类这个单一物种的能量，而是由于自然和其他物种的共同影响让我们逐步推动了现在。

基因的机器

❖ 基因与文化

成功的基因有一个突出的特性是其无情的自私性，在某些特殊情况下，基因为了更有效地达到其无私的目的，也会增长一种有限的利他主义。

——理查德·道金斯

人性为何是自私的呢？按照道金斯的说法，是因为人类拥有自私的基因——自私的基因的目的是试图在基因库中扩大自己的队伍，通过帮助那些它所寄居的个体编制、它们能够赖以生存下去并进行繁殖的程序，即人类是以基因作为编码的载体，目的是为了满足每个基因生存繁衍的目标，即使是存在一些个体的利他主义，也是因为其基因的自私性。在这里进一步讨论关于自私的基因对人类族群和个体命运的决定性影响，整个人类社会的文化和行为如何受到基因的影响。

首先，看看基因怎么帮助我们这个种族生存下来，到现在人类的总数超过了七十亿，而数量上超过人类的动物基本上被人类驯化，如牛、猪、鸡、羊等；要么需要依赖人类才能长久生存，例如狗、熊猫等。不过这个过程是曲折的，人类从猿类进化来，中间有几次接近灭绝。按照生物学家和考古学家的发现，人类的远古祖先分别是脊索动物，还有合弓纲动物，以及灵长类哺乳动物，在和同类激烈竞争后都生存了下来。根据道金斯的理论，数以万计的生物体在成为基因的载体后先后都被淘汰了，基因通过制造能够持续生存又具备强大的个体智慧的生存机器，从而实现了基因自我存续的目标。人类基因组中 2% 与黑猩猩不同，但是结果差异很大。根据生物学家的研究，那些最聪明的生物以后每一代大脑的比例越来越大，中生代最大的大脑比古生代最大的大脑大，新生代最大的大脑比中生代最大的大脑要大。而人类正是现存的大脑中比例最大的生物，也是竞争优势最强的生物。更有意思的是，基因不仅决定了总体族群的智力，而且对个体来说，智力也具有一定的遗传性。

根据霍华德·加德纳的多元智力理论及罗伯特·斯滕博格的智力理论，人类的智力是不能单一评估的。但是对于大多数学院教育来说，智力更多是偏向于学生分析问题和解决问题的能力。而多数智力测试（虽然测试的有效性饱受批评和质疑）也有明确的研究结论，即智力具备遗传性。一个人儿时遗传对智商的影响力大概是45%，而青春期之后会提升到75%。随着一个人的成长，先天智力的影响会越来越大，而其他因素影响会逐步降低。

然后，我们来关注基因的其他作用，对我们的行为及身体的疾病等起到了不可忽视的作用。人类已经通过对DNA图谱的测序工作，在对比了多个基因组以后，理解了基因对人的生存基本特征的影响。例如，疾病的产生和基因有莫大的关系，主要体现在三个方面：第一，人在进化过程中建立起一系列复杂的机制，如发烧、咳嗽等，身体进化出能够对疾病进行防御性措施，来消除疾病对身体的破坏性影响。第二，基因的不变性导致了无法适应新的环境，例如，近视、肥胖和高血压的出现，是因为现代人需要大规模的阅读，以及大量摄入糖类等，原有的基因无法承受现有环境的挑战，从而产生了一系列疾病。第三，大多数癌症和基因的构造和遗传的缺陷有着密切的关系，至今癌变细胞的核心原因尚未查明。再例如，精神分裂症的产生，即将成为精神分裂者的胎儿在发育过程中，额前叶皮质上的某些神经细胞无法与其他部分进行深度沟通，这类缺陷会导致内部的心理架构和外在刺激的链接断掉，大脑进入了封闭和自我的状态。因此，心理活动不断被现实打断，产生了大量的幻觉就好像清醒地处于梦境。

最后，看看基因对人类本能的影响。之前我们讨论了人类受基因和文化的共同影响，是一种有意识的生物，通过文化的学习完成了自我进化和自由意志的产生，但这其中也很难避免基因的影响。例如，语言是人类最重要的文化现象，而史蒂芬•平克曾经说过“人类学习语言是出自一种本能”。在他的著作中提到语言能力是天生的，具有一定的普遍性，通过学习人类都能掌握一种或者多种语言。虽然学习不同的语言受到不同文化影响，而且也会构建不同的世界观和逻辑，但是学习语言的能力是正常人类都具备的，而且语言障碍的出现往往是由于特定基因的缺陷导致的。

进化心理学的研究表明，人类过慢的进化速度和现代生活方式之间的冲突，是造成大部分现代心理和生理现象的根源，即基因带来的生物特征对现代社会的不适应。作为人类个体来说，作为生存机器最重要的本能就是如何生存，因此每一次决定都是在复杂环境下的赌博。而基因在其中为大脑编写好程序决定人类的行为以便取得积极的后果和效益，包括学习能力本身，也是基因为了提升生存率而赋予人类的能力，本能就是人类通过长期学习固化的无须深度学习的生存模式。而由于这个学习过程，人类逐步拥有了自由意志和意识，获得了预测未来，以及与自身基因需求有一定博弈能力的能力，不过这个博弈的范畴也限于在最大可能性下寻求更好的生存。

基于以上的讨论，我们可以看到赋予给人类这台机器的生存规则就是，一方面基于需要编写固定的指令给予人类尽可能提高生存能力的各种本能，包括学习能力、语言能力等；另一方面，由于人类在和环境互动过程中，逐渐具备了自我意识和自由意志。因此，基因与人类的关系是合作的模式。且由于基因本身的运作机制是复杂的而非单一对应的，所以人类在选择生存路径上也拥有较大的自主权利。所谓生存规则，就是基因和我们的自由意志之间达成的为了更好生存的微妙的协定。

❖ 进化的思考

自然选择是基于相对适度的，对有机体来说，重要的不是生存和繁衍得到底有多好，而是要比群体中共同演化的其他有机体好，任何一个知识渊博的演化学家都会同意这个说法，但是有很多不太熟悉演化论的人不习惯用这种相对的思维模式。

——戴维·斯隆·威尔逊

物种起源的核心思想是，物种通过自然选择获得了进化，从而获得遗传自己基因的资格和能力。那么，我们现在思考一个问题，自然选择的适用范围如何，这个理论体系所能解释的范畴有多大，什么时候会失效呢？有没有其他类似的理论范式去解释与进化相关的问题呢？关于这个问题，我们需要去深度论述一下。

首先，我们理解一下进化论中关于进步的内涵。乔治·威廉斯在《适应与自然选择》中说， 进步包括五个范畴“遗传信息的积累、形态学上复杂性的不断增加、生理学上功能分化的不断增加、任意规定的方向上的进化趋势、适应有效性的增加”，针对这五个范畴他进行研究后得到结论，即自然选择的基本框架中并没有包含进步的观念。后来的进化论学者在这个基础上，还细致地讨论了达尔文在其著作中并没有强调进步强化的概念，而是认为生物的变化只能提升其对它所处环境的适应性，而并不一定导致其结构的复杂性，也就是生物并没有向着更高级的方向进行变化。即进化并没有导致复杂性变化，或者即使导致复杂的变化以后，也并不是必然规律（存在不适用进化的物种和器官）。这里仅举两个案例，一个是达尔文的进化论中关于动物眼睛进化的研究。在《物种起源》一书的第六章“理论的难题”的“极其完美和复杂的器官”这一节中，他直言不讳地写道:“眼睛有调节焦距、允许不同采光量和纠正球面像差和色差的无与伦比的设计。我坦白地承认，认为眼睛是通过自然选择而形成的假说似乎是最荒谬可笑的。”在《物种起源》发表以后，他坦诚道：“到目前为止，每次想到眼睛，我都感到震撼。”还有一个案例，就是细菌的存在，细菌拥有数十亿年的历史，在不同物种中具有强大的竞争力，即使人类本身 10% 的体重比例也属于细菌，人类是世界上最复杂的生物，而细菌是最简单的生物之一，但是从适应性来说细菌显然高于人类。所以结论是，进化其实是一种失控的现象，而不是大多数人认为的一种天然的进步的状态。虽然从人类社会本身来说进化似乎是天经地义，例如，经济的发展和人口的增多，但是从自然物种的变化来说，进化则是不一定的结论，变化是一种常态，选择是一种常态，而进化只是人类一厢情愿的梦想。

然后，我们讨论这种不确定的进化带给我们的思考。在这里我们并不完全否定进化论，但是对于认为一切生物的进化是从先前物种随机取得的微小进步得来的结论，我们并不完全认可，尤其是自然选择可以扩展到解释所有生物的论断，看上去只是合乎逻辑而不是全部的事实。例如，计算机本身的进化。我们知道，传统的科学模式由理论和实验两个部分组成，理论构建出逻辑体系和假设，而实验则证实或者证伪理论。计算机则通过仿真实现了理论和实验的结合——这也是人工进化的逻辑。我们观察到，人工智能和计算机的进化并不是传统的因果理论所构建的，而是同时在积累实验数据和验证理论的过程当中实践的。就如阿尔法狗的围棋技术的进化，并非其理解围棋的全部逻辑和技术，而是通过不断计算数据和概率完成了在实践过程中的技术提升，而实际上它本身对围棋毫不了解。

我们关注到，自然选择的逻辑构建了一套对于生物进化的解释，而人工进化则构建了一种关注结果而非过程和逻辑的进化模式。值得注意的是，把二者进行讨论并非认可人类已经拥有媲美自然选择的方式和理论，因为人工进化只是发生了一种仿真和类似进化的行为，甚至是一种“变异”而非“进化”，我们离生物进化的本质还比较远。

最后，补充一个有关生物进化的其他方向案例。例如，某些自然生物必须通过共生才能持续生存，而这种生存方式和自然选择有所差异。有生物学家甚至提出“细菌共生始祖细胞形成的核心事件”，微生物的共生是普遍存在的行为，这也重新让人类认识到不仅生物体本身的进化值得关注，而且不同生物之间的协作和竞争也是研究进化的必要范畴。

自然选择是自然界的基本法则，但是对它的认识却需要更加深刻和全面。适应环境是所有生物的本能和目标，而基因的自私性也解释了这样的本能和目标。但是是否更加强大的基因和生物就能生存，以及仅仅依靠自身的生存是否是唯一合适的道路则值得思考，过于强调竞争（无论种间竞争还是种内竞争）对真正的进化论者都毫无益处，我们需要认识到进化的实质是演化而非绝对竞争的关系，“适者生存”而非“强者生存”。

❖ 社会生物学

基因还有一大天然特性：自私。这是因为基因为争取生存，直接同它们的等位基因发生你死我活的竞争。等位基因就是争夺它们在后代染色体上的位置的对手。在基因库中，能牺牲等位基因而增加自己生存机会的任何基因都会生存下去。反之，如果它不自私，而是利他主义者，它把生存机会让与其他基因，自己就被消灭了。所以，生存下来的必定是自私的基因而不可能是利他基因。因此，从本质上讲，自私才有基因，基因就是自私，是自私行为的基本单位，它是发生在生命运动各层次上的自私行为的原因。在社会生物学的理论中，自私是生命的本性。

——爱德华·威尔逊

如果把进化论当做生物竞争的一个基本框架和命题，达尔文是这个学科的宗师和教父，那么爱德华·威尔逊则是社会生物学的奠基者。他的著作《社会生物学新的综合》先锋性地试图解释，如利他行为、攻击性、育幼行为这些社会行为的演化机制。虽然威尔逊的书主要讨论的是动物行为，尤其是他的蚂蚁研究，但在最后的几页他讨论在人类行为方面运用这些学说的可能性。当然，这一学说有很大的争议性，如古尔德、路翁廷担忧社会生物学发展为生物决定论，就如过去类似的思想将被用来改变现状、分出统治精英、承认威权政体。很多批评者认为指出，这是20世纪初的社会达尔文主义和优生学，我们在这里主要讨论的并非这个学说的对错，而是这一学说和进化论思想的内在联系，物竞天择中的“天择”是否是演化的唯一机制？这个机制在人类社会中以什么方式在起作用？

首先，我们需要深度论述一下，物竞天择的要义，即生物个体在升值成就上有差异，那些差异都有要适应的道理，而生物的演化和适应的唯一可信的理论目前就是天择说。这套理论在被达尔文论述以后，并被诸如道金斯这样的学者认为其不只是地球上通行的学说，宇宙中凡有生命之处都适用，因此威尔逊在人类社会中应用自然选择论调就不奇怪了。根据进化论的原理，生物的一切特征都是自然选择造就的。威尔逊区分了“群体选择”与“亲缘选择”的概念：“当选择的单位是两个以上的世系群体时，称为群体选择；如果选择单位是许多群组，或是能影响其亲属的个体时，即为亲族选择（亲缘选择）。”

根据亲缘关系学说，他阐述道：“在群体之内由亲族关系连成个体关系网。这些有亲缘关系的个体互相协作，或把利他主义的便利给予其他的成员，从而在整体上提高了网中成员的平均基因适应能力。有的时候，利他行为的代价是降低了某些成员的个体适应能力。基本上是个体以从整体上有利于群组的方式来行动，同时与其他群组保持联系。群体中亲族关系网造成的福利提高就是亲族选择。各种选择方式，包括亲族选择、群体选择和同生群选择，只有数量上的不同，本质上并无差异。”

然后，我们讨论了人类自私行为和利他行为的内在原因。按照威尔逊的理论，“个体与个体之间的行为通常有几种情况。当一个个体以牺牲自己的适应来增加、促进和提高另一个个体的适应时，那就是利他主义行为。亲代对子代的普遍自我牺牲现象当然是利他主义的行为，但要记住的是，后代的存活量（数量和质量）正是个体适应性的衡量标准，为远亲所做的牺牲称为利他主义那是较好理解的。当一个个体为另一个完全陌生的个体做出克己的牺牲时，就是彻底的利他主义行为，是‘高尚’的行为。与此相反的行为，即用降低其他个体的适应来提高自己的适应，就是自私自利的行为。

自私行为不可能得到普遍赞扬，但是尚可理解。然而，还有一种行为似乎没有什么合理的动机：为了降低别的个体的适应，自己一无所获，甚至会降低自己的适应。这种行为被称之为怨恨行为。看来怨恨行为只是为了行为者发泄心头之恨，得到一种心理满足。”不求回报的慷慨是人类最罕见和最珍视的行为，微妙而又不容易定义。它似乎也是一种高级的选择模式，受到礼仪与环境的包围，得到奖章和激情演说的赞誉。奖赏的目的在于借此创造利他主义，促使别人表现利他主义。人类使真正的利他主义神圣化了。

最后总结一下，认识到自然选择理论对人类个体和社会的影响后，我们可以了解一下其他学者论述的进化的方式，如共生（便捷的信息交换允许不同的进化路径汇聚）、定向变异（非随机变异以及与环境的直接交流和互换机制）、自组织（偏向于某种特定形态并使之成为普遍的发展过程）。越来越多理论框架已经被提出，然而，目前自然选择理论是唯一被人类认为是共识的学说。因此，社会生物学理论当中的自然选择也是主流。我们需要关注的不仅是主流的框架和逻辑，也需要关注其他实现自我进化方式的框架，从而了解到个体竞争力的提升是如何通过和环境互动实现的。

第五章　士人之路：历史的余韵

国民的精神

❖ 贵族的精神

汩余若将不及兮，恐年岁之不吾与。朝搴阰之木兰兮，夕揽洲之宿莽。

日月忽其不淹兮，春与秋其代序。惟草木之零落兮，恐美人之迟暮。

——屈原

这一章主要讨论一个具体的文化或者文明对我们的影响，尤其是身为炎黄子孙的我们如何去看待各种古代经典对我们的影响，以及诸子百家中较有代表性的儒家、道家与法家等。首先我们要讨论一个问题，我们的国民精神当中，到底包含了什么样的国民精神，以及哪部分精神对于我们来说最为可贵？答案很简单，贵族精神、士人风骨。

首先，谈谈现代的贵族精神的内涵。今天中国的土豪们在购买房产或者奢侈品的时候总爱被所谓“贵族专享”的广告词所迷惑，而他们自己的生活状态则和贵族毫不相干。且不谈他们在平日言行中的种种，只是探讨这些土豪们在财富聚集的同时仍然惶恐不安的生活状态，就和贵族精神毫不相干。那我们来看看全世界范围内是否还有贵族。美国由于是新教徒创建的移民国家，从来没产生过贵族，且对这种精神常常是嗤之以鼻的。在欧洲，有部分人虽然还有一些贵族头衔，但是绝大多数人和贵族毫无关系。只有少数人继承了先人的财富和荣耀，例如，众所周知的英国王室和罗斯柴尔德家族等。

从历史上看，欧洲的贵族精神的传承主要来源于三个方面：封建贵族的责任、维护平民安全的义务及社交活动的礼仪。由于欧洲在很长一段时间内属于封建制，而欧洲贵族则属于自己的封建领主或者国王，因此贵族有为自己的领主打仗和守护领主土地安全的责任。另外，欧洲贵族在日常的生活中讲究优雅从容的态度，且需要自小培养这种气质和自信的家庭教育，这是所谓贵族精神的外部环境和基本修养。也就是说，贵族精神需要的三个条件是封建制、家庭修养和文化上的精英倾向。

然后，讨论我们的国民精神中是否有贵族精神的部分，探讨这个问题就要看国民性的一个转变过程。按照历史学者张宏杰在《中国国民性的演变历程》一书中所谈，中国的国民性并非一成不变，而是经历了从春秋时期的贵族文化、魏晋南北朝时期的士人精神，到宋元时期的平民文化、元明时期的流氓文化，再到后来清朝的奴隶文化这五个阶段的变化。

首先讨论一下春秋时期的贵族文化是如何形成的。春秋时期的社会也是典型的封建社会，而这些封建领主在具体的言行当中体现出了和平民在标准上有很大的差异：第一，这些封建领主和各国的贵族对荣誉的珍惜程度很高，类似欧洲在十七八世纪的贵族，他们在生死和荣誉中往往选择荣誉。例如，《左传》中记载的宋襄公，在泓水之战中与楚国交锋，宋军驻屯于北岸，楚军自南岸开始渡河。宋襄公不顾司马子鱼的建议，坚持不半渡而击，待到楚军全部渡河后，宋襄公又坚持非要等到楚军完成列阵之后方开始攻击，结果宋军惨败且自己也受伤了。这样的行为在今天看来确实不智，但在当时看来却是符合君子的言行。第二，春秋时期的贵族崇尚当兵上战场，且遵守信义。例如，打仗的时候不能攻击已经受伤的敌人，不能使得敌人处于险地的时候乘人之危等。第三，对自身教育修养有很高的要求，春秋时期的贵族要学习六艺，即礼、乐、射、御、书、数，来完善自己的修养和要求。这几个特点其实和西方的贵族精神有很大的相似性，都属于在封建制度下，贵族通过道德和言行的自我约束来建立社会规范，提升自身施政的合法性。

最后，讨论一下当今的贵族精神内涵。很显然，贵族和土豪的差异在于，贵族精神重视的是对文化的教养，强调抵御物欲主义的诱惑，不以享乐为人生目的，不是在物质上的追求及在表面上的各种虚荣浮夸的表现。贵族重视对社会的担当，不是只为一己之私去争名夺利，而是为天下众生去考虑。作为社会精英，通过严格的自律提升自我的修养，在行使规范中珍惜个人的荣誉，勇于担当国家的责任。最重要的一点是，贵族拥有自由的灵魂，有独立的意志，在权力与金钱面前敢于说不，能够超越一时的风气和潮流文化的影响，不为政治强权与多数人的意见所奴役，更不会一己之私做违背原则的事情。我们在不断演变的时代潮流中，也应该关注自身的修养而不是随波逐流地改变自己，而贵族精神的内涵，就是通过修行自我，完善自我来提升我们对世界和自我的认知，从而实现超越自我，实现自身的意义和价值。

❖ 士人的风骨

至诚之言，人未能信，至洁之行，物或致疑，皆由言行声名，无余地也。

为善则预，为恶则去，不欲党人非义之事也。凡损于物，皆无与焉。

——颜氏家训

春秋末期，随着越国、吴国、楚国等文化落后的所谓蛮夷之国的崛起，中原文明受到极大的挑战。正如西方的马其顿消灭了希腊文化，罗马被文明程度更低的日耳曼民族灭亡。而在东方，秦王灭了勾践，向来被东方诸国看不起的秦国统一了天下。一方面华夏文明由于争霸的结果被蛮夷文化所影响，主流的精英文化被霸道文化所替代和解体，诸侯更加信任以力量为核心的霸道治国而非以道义为核心的王道治国，一方面华夏文明实现了逐步扩张，从以中原为基础的河南、燕赵等国扩张到南越等地，实现了在文化上的逐步统一——这也是华夏文明的基础。在这个基础上，由于封建制度逐步消失而变为大一统的帝国制度，秦国焚书坑儒，而汉朝时期由于独尊儒术导致文化上的遮蔽性，世袭贵族在社会动荡中逐步消失，贵族精神也受到了挑战，而崛起的就是魏晋时期为代表的士人精神了，也称为魏晋风骨。

首先看一下魏晋风骨是如何形成的。东汉末年中原地区频繁战乱和黄河河道年久失修，使得原本生活在华北的人民迁徙到华东和华南，新增人口使得这些地方得到开发，文化上也与中原结合得更加紧密，从原来的边区成为政治文化的中心，我们熟悉的江南士人文化也是在那个时代才逐步形成的。

一方面，上层社会形成了重视门第的制度。由于皇权不断更迭而世家大族保持相对稳定，很多士族的富贵和权势超越了皇族，王权的权威旁落，士家大族反而更加拥有独立性。这样，出身家

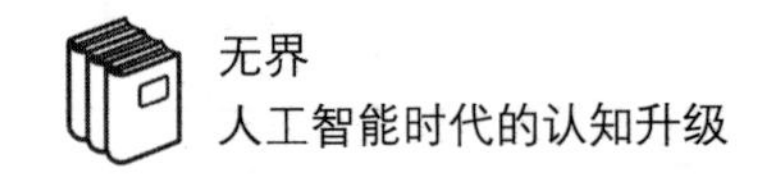

教森严的豪门掌握了时代的主导权，从而使得社会风气开始倾向于蔑视权贵。另一方面，因为门第和依托于门第的人才选拔制度，魏晋和南北朝时期社会上层固化，出身寒门的人在传统仕途中的上升空间较为有限，转为文学、美学和哲学等领域，创造了新的文化和文学风格，终究形成了魏晋风度。正因为大一统的政治秩序被打破，很多士人对权力不再俯首帖耳，由于士人们开始追求精神独立，所以形成了较为独立的灵魂和自由的价值观。

士人精神在科举制度成型以后就越来越式微了，反倒是在晚清和民国时期又被提了出来，就是在完成知识分子阶层的转型以后。按许纪霖教授的说法，这个阶段的知识分子和科举时代的知识分子最大的区别之一就是，是否具备近代意义上的独立人格，也就是具备个体的自主性和社会批判精神，不依傍任何外在的精神权威。

魏晋之后的士人并不具备这样的精神内核，主要是三个方面的力量：第一个力量是儒家学说的影响力，在汉朝“罢黜百家，独尊儒术”以后，儒家成为意识形态结构高度一元化的最大赢家，原本用来约束精英阶层为民呐喊的儒学成为了大部分中国历史帝国的唯一合法学说。第二个力量是科举制度，隋唐时期的科举制度不仅是不同阶层的流动通道，而且成为大多数古代士大夫追求的唯一上升通道，士大夫们无论是处庙堂还是处江湖，在精神和物质层面都依附于官僚政治。第三个力量是宗法伦理网络，即儒家所强调的“君君臣臣父父子子”在民间的思想影响。由于这三个因素的影响，中国传统士大夫在政治上和经济上都不太具备独立性，而随着鸦片战争之后帝国的解体，知识分子逐步获得了职业自由和经济独立，也逐步形成了文化精英为代表的知识分子阶层。

最后是士人精神对现代中国的知识分子的影响。什么是当代的知识分子呢？和以往的官员阶层或者科举选举出来的士人不同，现代知识分子是以某种知识技能为专业的人，同时也深切关心国家、社会，以及其他公共事务的超越个体利益的群体。

在漫长两千年的古代历史中，中国古代士大夫获得了更大的政治和社会地位，是因为士大夫具备道德和知识上的优越之处，而现代知识分子则掌握了媒体和教育两个资产，在文化中具有支配性地位。由于知识分子有道德有知识，因此就担当了国家中坚的角色，而且除了传统士大夫意识为中心的精英主义，也受到西方思潮的影响，拥有对整个社会和国家的关怀。士人风骨对我们的提醒在于，如果想要承担责任，在中国社会需要成为一个知识分子，这样的知识分子既具备关怀天下的精英主义情怀，对国家民族和社会有不可推卸的责任感，也同时具备独立的思想和人格，并不需要向某一种意识形态和思想屈服，这也是开放社会下精神层面具备的优势。

❖ 隐士的哲学

北冥有鱼，其名为鲲。鲲之大，不知其几千里也，化而为鸟，其名为鹏。鹏之背，不知其几千里也，怒而飞，其翼若垂天之云。

——庄子·逍遥游

翻开春秋时代诸子百家的争论，我们看到一位特殊的隐士哲学家——庄子，虽然儒家精神在汉朝以后逐步成为中国精英精神的主要来源，但是庄子的思想影响一直延续到现在。原因不仅是避世的隐士哲学对于过度竞争的现代社会有休养生息的作用，更重要的是庄子的消极哲学思想和主流连续的世界观有明显的差异。来源于殷商和楚文化当中带有明显鬼神色彩的世界观，从青铜器为代表的殷商文化，以及楚辞中鬼神与人生动互动的瑰丽想象，都影响了庄子对世界的解读。孔子曰："未能事人，焉能事鬼"，主流文化往往对人伦和社会有更多的关注。而作为隐士的庄周，则基于殷商文化价值观对处于文化边缘的鬼神和自然有更多的探讨，这也是为什么我们把庄子当做隐士哲学家，而魏晋时期的文人也往往以庄子所描绘的更广阔的自然为思想依托的原因。到了现在也有很多人把庄子当做心灵鸡汤。那我们来看看庄周隐士哲学的真意，以及去了解一下如何才能逍遥游。

首先，我们可以看到庄周的《逍遥游》。庄子在《逍遥游》中的奇特想象和浪漫色彩对很多初读庄子的人来说非常有吸引力，在这个篇章中庄子发问：生而为人，怎样才能逍遥自在呢？对于大多数普通人来说，一个人掌握越多的资源也就越容易逍遥自在。且不说这个想法是不是庸俗，且看那些亿万富豪们为了保住自己的家财，以及处理繁杂的内部家庭事务而惶恐不安乃至于求神拜佛，就知道这样的想法是很无知的。

庄子认为，人的身体受到自身物理条件的束缚，但是心灵却能遨游太虚。人要求得逍遥不应该向外物寻求，应该向内心寻求答案。更进一步说，庄周认为真正的逍遥是不受任何外部条件的影响，不对外物有所依赖——或者，只保留最基本的物质需求，除此之外都属多余。庄子把自己想象为高飞的大鹏，向我们介绍他所感受和经历的一切，并在后面的文本中借用商朝的“汤”进行了一场小大之辩。他认为尧拥有天下“治天下之民，平海内之政”并不那么重要和值得肯定，人活着只要顺应自然规律，抛弃个人的成见和执着，不去刻意的求取功名、随波逐流，就会获得很自由自在，甚至到达“乘天地之正，而御六气之辩，以游无穷”的类似修炼成仙的境界。虽然庄子这样的说法在今天看来过于消极避世，但是考虑到当时的时代背景，庄子用这样的说法告知我们人生要用更多的维度去看待，众人所追求的未必就是适合自己的，一个人需要找到适合自己的路并建立属于自己的独立价值观，这样才能抛开成见，达成自己的逍遥游。

然后，我们看看“庄周梦蝶”的故事。庄子中的梦蝶和物化是最著名的两个意向，探讨了一个很重要的问题，即我们自身和这个世界真的存在吗？或者进一步说，讨论了自由意志是否存在的问题。

庄子在梦蝶的过程当中提出三个基本的问题：第一个问题是如何分清梦和现实，现实是否真的存在。在西方，笛卡儿从“我思故我在”的哲学命题开始探讨我这个本体是否存在，而在中国哲学中这样的问题却很少被探讨。第二个问题是人是否是可贵的。在自由主义盛行的今天，这一点当然看似无可置疑，而实际上庄子认为人之所以为人只是一种偶然的机缘，没有什么特别可贵的，人虽然自诩为万物领袖，看不起其他的生物，但庄子认为天地是大熔炉，万物通过这样的熔炉来到了世间，最后也会回归万物，作为人并不值得悲喜，也不值得骄傲。第三个问题是自由意志是否存在并是否值得探讨。不知其几千里大的鲲鹏看似自由，但是没有水或者风就无法飞翔和遨游，看似大的生物却要依赖外物，而小麻雀则只需一鼓作气就能飞上房檐，真正的自由应该是如何抵达呢？这几个问题时至今日仍然发人深省，让我们思考自我、自由，以及和外物的关系。

最后，我们看看庄周所提道的“生也有涯而知也无涯”。这一段话出现在《养生主》一章中，其中提到“吾生而有涯而知也无涯，以有涯随无涯，殆矣；已而为之者，殆而已矣”。这段话的意思就是生命有限而知识无限，以有限的生命追求无限的知识注定会失败。其实这段话就是提醒我们生命有限，有所取舍，重点在于自己是谁和自己要什么，而不是外在环境可以给你什么，不是你需要的再多也没有意义，反而会成为负担。人生最重要的秘诀之一就是逐渐学会做减法，找到那些对于你来说最重要的几件事情并把它们做好，这也是庄子所提倡的生活态度。

最后总结下，庄子的人生哲学看似无为消极，实际上是教导我们：第一，世界上的很多事情不需要刻意地追求。特别是过多的名利和物质，只有降低对物质的依赖才会让个人获得自由；第二，人的自由意志是否存在值得思考，我们需要多思考自己和外部世界的关系；第三，人生需要做选择，做适合自己的事情而非别人要求你的事情，这样更有价值。

文化的要义

❖ 无为的艺术

天下皆知美之为美，斯恶已。皆知善之为善，斯不善已。故有无相生，难易相成，长短相较，高下相盈，音声相和，前后相随，恒也。是以圣人处无为之事，行不言之教。万物作焉而不辞，生而不有，为而不恃，功成而弗居。夫唯弗居，是以不去。

——老子

“道可道，非常道”，老子的这一名句似乎告诉每个企图去接触他思想的追随者，道是不可言说的，你的理解都是错的，以及如果学不会是你悟性不够之类的。在他的追随者中，相当多的学者认为领悟道的方式最好就是保持沉默，然后忽然有一天扬长而去了然于胸。老子把人群分为两类，一类是可以理解他的道的人，即“非常”之人；另一类是不得其法的人，即常人。这里不讨论这些形而上的问题，而主要讨论关于老子阐述他思想的核心逻辑，以及老庄思想中的无为的内涵。

解读老子的思想，我们可以从三个维度去分析。一个维度是客观规律，这里反映为宇宙观，即世上万物运行的道理；一个维度是处事方式，即老子思想中消极处事的方式；还有一部分有关实用主义，即部分学者把老子的部分内容解读为政治法门甚至兵法。我们在这里主要从两个维度去解读。老子认为的客观规律，就是“道法自然”，所谓自然并不只是倡导大家热爱自然、模仿花草等，而是老子哀叹文明的发展已经脱离了自然的本意。老子认为世界是自然演化的产物，“道生一，一生二，二生三，三生万物”，而人类社会则违背了自然的本意，过度强调生存竞争。从个体发展为社群，进而发展为部落和国家，于是围绕着人与人之间的伦理和斗争关系产生了，而且超出了自然法则所能承受的水平，人类的异化也就开始了。老子所反对的，也就是这种过度积极的发展带来的人类社会的扭曲发展。这样的观点，相对于儒家来说要消极得多。

儒家所谓礼崩乐坏，只不过是规矩坏了，世亲世禄的资源分配方式变成聘任制，甚至可以购买了，论资排辈按规矩来是儒家学者追求的世界大同。而老子追求的是，人类回到了自然，并没这样的社群或者国家的崩坏。其给出的理由是，由于世界终将回到初始状态，所有的看似稳定的状态是不可持续的。因此，“无为而无不为”就是不要去维持一个脆弱的制度或者社会平衡，因为过度干涉只会让事物背离自然的本性从而导致更加恶劣的后果。

老子所认为的宇宙观，是一种万物会回到其初始状态的宇宙观。因此，他推荐的处世哲学就是“无为”，他所推荐的理性人生，就是婴儿的自然状态，“沌沌兮，如婴儿之未孩”。老子认为类似婴儿的状态就是一个人有“德”的状态，小婴儿无欲无求，不犯众物，所以毒虫什么的也就不去侵犯他。当然，这样的想法在过度竞争的社会里显得非常单纯无知。

显而易见，我们的先哲也会想到这一点。老子所提倡的并不是说回到婴儿单纯无知的状态就能应对外物的袭击，而是通过认识大道，知道宇宙终究会回到初始状态（现代物理学的大爆炸理论似乎有力地支持了这一点），因此明白了这个道理就可以不争。老子说“我有三宝，持而保之”，“一曰慈”，指一个人看着另一个人活得很好、很正常，可你仍然觉得他活得不够好叫“慈”，这是为他人思考的同理心；“二曰俭”，俭是指吃饱穿暖之外一点都不要才叫“俭”，这是对外物的依赖度较低，不过度需要物质层面的需求。有了“慈”和“俭”这样美好的状态，能够保持的前提是人类不能向文明社会挺进。因此，老子提出“三曰不敢为天下先”，就是不参与过度竞争的社会资源分配。老子的思想哲学就是自然的哲学，人有生老病死，万物也有毁灭的时候，太阳过了正午就会西沉，生物过了壮年就会衰老和死亡，所以期望自己不要太过于强壮，而要柔弱得跟婴儿一般，这样就可以保持天真的心态和充沛的体能，这就是获得道的途径。这种无为的思想对后世有很大的影响。一方面，使得部分古代精英分子在精神领域找到了休养生息的栖息之所（如魏晋和南北朝时期的大名士们）。另一方面，也为国家统治者们提供了一个管理国家的新的思路，如汉朝文景时期的黄老之术治国。即使到了现代社会，无为的思想也有很大的影响，即做事符合道。如果每个人做事时候的方式符合自然，能够充分放松自己，就更容易获得成功。

最后再补充一点，就是关于老子书中对于无为而治的政治理念的描述，其中的政治理念是由于老子书中描述的年代是较为原始的小社会的生活方式，老子理想的政治理念就是小社会之间高度封闭且其中的居民没有相互沟通的欲望，自给自足而互不来往，这样的理念似乎一方面是自给自足满足市场经济发展的规律，另一方面也刻意忽略了人的欲望带来的流动性。彻底的无为而治可能带来类似汉代文景之治时期的繁荣，但是完全无为而治也会在带来经济繁荣以后带来垄断或者权贵的出现。在这里，老子并没有提出相关的解决方案，不过我们要关注的是，老子并未刻意设计某一种长治久安的国家治理政策，而是对当时的君主提出停止掠夺和战争，转而采用减法的思维以无畏的方式行使权力，从而降低混乱的社会带给人民的灾难。从这一点来说，老子无为的思想更带有一定的宽容温暖的气氛，这位看似严肃冷漠的学者的温暖济世的情怀也能让后人所感动，而不必揪着其作为现实解决方案的不足去做不必要的批评。

总结一下老子的思想脉络，其无为的思想实质上是针对当时的各国统治者所说的，老子认为无为能帮助这些统治者实现“我无为而民自化，我好静而民自正，我无事而民自富，我无欲而民自朴”。而对于个人来说，则告诫我们不要被现实和世俗所蒙蔽，而要追求真正的道义，因为“五色令人目盲，五音令人耳聋，五味令人口爽”，要学会欣赏天地之美，所谓无为就是做事符合“道”，符合一种比你自己更伟大的存在，即树立一种高于自我的价值体系，通过顺应这样的价值体系，从而提升自己内心的修养和对大道的理解。

❖ 中庸的思想

天命之谓性，率性之谓道，修道谓之教。

——《中庸》

四书是古代儒家知识分子必读的经典，按着四书由浅入深的次序来看，《中庸》是其中最艰深的一本。而今天的人们提到中庸一词，通常认为是贬义的理解，通常指的是中国人和稀泥的处事原则，这和作为经典的中庸一书所提倡的精神内涵有着极大的差别。这篇文章就探讨一下中庸的精神内涵，及如何去修炼中庸之道，对于中庸的望文生义应该在这篇文章之后得到纠正。

中庸的误解很显然来自文字内涵的流变，是语言发展演变以后现代人对古代人的误解，看上去中庸是“折中”“平庸”的含义，而实际上中庸一书是四书中最高屋建瓴、格局恢宏的作品。孔子本人对中庸之义并无太多言及。在《论语》中也只是提了一次。在《雍也》篇，孔子说：“中庸之谓德也，其至矣乎！民鲜久矣。”所谓“中”是“折中”，无过无不及也。“庸”是平常的意思。故中庸即是折中与平常的意思，孔子感叹如今人民已少有这种美德了。

为什么中庸之道那么难呢？要知道儒家所言的道德是要行为合礼、合义，而人的行为是会被情绪（喜怒哀乐）所影响的，而情绪会掩盖人的道德本心，仁心善性，使人的行为流于极端或过度退缩。那就会使人的行为不合礼义，故违反道德准则。因此，所谓道德就是要使仁心善性约束情绪的喜怒哀乐，使之发而中节，达到平和折中的状态，那就是道德的行为了，《中庸》就说明了这个道理。中庸是中国儒家思想中的核心理念，所谓儒家十六字真言就充分阐述了中庸的思想，所谓“人心惟危，道心惟微，惟精惟一，允执厥中”，就是让人们即使面对变化动荡的世界，也要坚守心中的信念，达到内心平和的状态，这就是君子为什么一定要守护中庸之道的原因。

《中庸》的开篇“天命之谓性，率性之谓道，修道谓之教”是全书的纲领。按着朱熹的理解，这三句话的意思是，上天通过阴阳五行创立万物，其中“气”给予了形体，“理”给了精神和人性，人遵循天性走在该走的道路上，通过不同的修行或快或慢地发展，这就是“修道谓之教”。而所谓中庸精神就是“中和”的功用，“喜怒哀乐之未发谓之中，发而皆中节谓之和”，即只要做到中和，天地万物就能够摆正和生长，这也是对君子的心态和仪态的要求。《中庸》一书的核心就是提供了一种如何达到中和状态的方法论。按照朱熹的解释，“中”就是不偏不倚，“庸”就是恒常不变，作为理学家的朱熹，给出了修心的方法。“中庸者，不偏不倚，无过不及，看似平常之理，实则精妙至极，中庸之道的理论基础是天人合一。通常人们讲天人合一主要是从哲学上讲，大都从《孟子》的“尽其心者，知其性也；知其性，则知天矣”（《尽心》）讲起，而忽略中庸之道的天人合一，更忽视了天人合一的真实含义。

天人合一的真实含义是合一于至诚、至善，达到“致中和，天地位焉，万物育焉”“唯天下至诚，为能尽其性。能尽其性则能尽人之性；能尽人之性，则能尽物之性；能尽物之性，则可以赞天地之化育；可以赞天地之化育，则可以与天地参矣”的境界。“与天地参”是天人合一。这才是《中庸》天人合一的真实含义。因而《中庸》始于“天命之谓性，率性之谓道，修道之谓教”而终于“‘上天之载，无声无臭。’至矣”。这就是圣人所要达到的最高境界，这才是真正意义上的天人合一。

朱熹所说的中庸，就是对有“道”生活及讲“理”社会的一种期待，即生活是遵循修道的方式，社会是公平正义的状态，这是一种类似“理想国”的想法，循道依理适当、恰好。这是朱熹对社会生活的理念，他说：“圣人之学所以异乎老释之徒者，以精粗隐显，体用浑然，莫非大中至正之矩，而无偏倚过不及之差。是以君子智虽极乎高明，而见于言行者，未尝不道乎中庸，非故使之然，高明中庸实无异体故也，故曰道之不行也，智者过之，愚者不及也，道之不明也，贤者过之，不肖者不及也。”又曰：“差之毫厘，谬以千里，圣人叮咛之意，亦可见也”。

就是人们日常的生活应该无时无刻呈现合情合理的状态，《中庸》最重要的意义在于将这种儒家文化的精神特质与人们平常的生活紧密相连，进而使得中庸思想从君子的个人修养成为普遍性生活的价值观，即君子之道成为世人之道。朱熹通过对中和庸独特的解释，把“天地位，万物育”的“致中和”理想，衍生到复杂生动的社会场景中，成为了每个人去修行自我的精神理念和生活方式，而且把这种方式和“天道”联系起来。

最后总结一下中庸的思想对我们的提示。由于中庸之道是非常难以修炼的，按朱熹的说法是“中庸者，不偏不倚，无过不及，而平常之理，乃天命所当然，精微之极致也”，所以，中庸之道是一个不断接近纯粹的“中和”的过程，而我们在理解中庸的真正含义以后，能够对自己的身心修养状态有更深层次的理解和要求，一个君子应该做到“不可乘喜而轻诺，不可因醉而生嗔，不可乘快而多事，不可因倦而鲜终”，这就是对于现在的我们在面临变动世代修行的一个基本的追求。

❖ 礼仪的真谛

太史公曰：诗有之：“高山仰止，景行行止。”虽不能至，然心向往之。余读孔氏书，想见其为人。适鲁，观仲尼庙堂车服礼器，诸生以时习礼其家，余了回留之不能去云。天下君王至于贤人众矣，当时则荣，没则已焉。孔子布衣，传十余世，学者宗之。自天子王侯，中国言六艺者折中于夫子，可谓至圣矣。

——司马迁

前面我们讨论了很多有关君子在修身养性、符合大道方面的具体方式和相关的思想脉络，对于中国的知识精英们来说，孔子在个人修为上的教导是非常重要的，而孔子所提倡的周礼和仁也是士人精神的重要内涵。论述孔子言行的《论语》及大量讲说力学的《礼记》提供了中国人生活的一种基本的行为范式，即“修身齐家治国平天下”，让中国两千多年的社会成为一个超稳定的政治结构，通过“礼”的约束让亲疏远近、尊卑长幼都各安其位，这部分的内容是我们最后要和大家探讨的，也是孔子的“礼”和《论语》告知我们的基本行为规范的逻辑。

首先，讨论宏观层面的孔子哲学，一言以蔽之，就是“礼”。众所周知，中国是礼仪之邦，而在反对孔子儒学的时代，“礼”也成为了主要被攻击的对象。那么，我们需要讨论一个问题，就是为什么中国古代的知识分子前赴后继地追捧“礼”？为什么礼在中国精英分子修行过程中，成为如此重要的角色？答案在于人性在追求安全和稳定倾向，以及中国历史发展的特点。网络上经常在讨论“逃离北上广”的话题，其实主要讲的是在追求个人自由的过程当中受挫以后，很多人在内心倾向于寻找更多的安全感，这种安全感可以通过回到家乡或者其他竞争不那么激烈的地方获得。而传统社会则不太存在这类问题，原因在于礼制的社会给人们提供了高度的稳定性，宗法社会中给予个人的绝不止于“吃人的礼教”中男女婚配的各种问题，而是带来了温情脉脉的家族之间的关爱。

无论你在家族中哪个位置，都可以分配到一份工作，也不会需要过度赚钱来获取养老医疗方面的保障，你所要付出的代价，无非是在遵守礼制时需要去学习的规矩——孔子在学习“礼”的时候，推崇的是周公。在《礼记》中提到了其核心作用是“定亲疏，决嫌疑，别同异，明是非”，就是通过“礼”来确定宗法社会中血缘关系的亲近，来决定资源的分配，从而获得了宗法社会中的合法性。有了“礼”之后，一个稳定的社会结构就有了依据。因此，每个人都各安天命，从而安全感得到了保障。而中国历史进程的改朝换代很快，每个人都想获得这样的安全感。因此，礼制在历史长河中也就获得了精英分子的追捧。在精英分子看来，礼仪是维系整个社会和国家的纽带，也是大多数朝代中的精英分子所构建的社会共识。

然后，我们从微观层面讨论如何去探讨孔子的教导。我们需要认识到，《论语》是谈做人的，即告诉大家在社会生产和生活中，什么该做，什么不该做。在《论语》中，用大量篇幅论述了哪些事情可以做，其内在逻辑是用看似繁复的外在的“礼”，不断强化内在的伦理关系，如夫妻之间的举案齐眉等。如何理解这一点呢？就是“仪式感”。20世纪初或者更早年代，大多数当时的社会精英分子都很讲究身着正装出席各种场合，这样做的内涵在于对自己的严格要求和他人的尊重，这也是礼制社会中人与人之间相处的要义。

西方社会通过穿正装等行为培养绅士，而中国社会通过“礼”的行为培养君子。再深一步探讨礼的价值，就是“己所不欲，勿施于人”。中庸之道的礼学在建立所谓正面行为规则的时候很难考虑时代的因素。因此，很多行为在我们现在看来荒唐可笑，但是这个有所不为的原则到现代社会还是非常有价值的。简单粗暴的教育应该做什么都会导致不同文化场景下的排斥，建议每个人反复权衡自己行为是否侵犯了他人的尊严，则是一个可以战胜时间的思考维度。即使到了今天我们并不需要去学习古代人的“礼”，但是受到儒家思想潜移默化的影响，知道了应该如何去和人相处。按孔子学生曾子的说法是“夫子自道，忠恕而已”，即交往中考虑他人的感受，用心考虑他人的立场，这大概是现代人应该遵守的基本逻辑吧。

最后，我们要专门讨论一章关于中国传统文化的内容，因为中国的传统文化给作为中国人的我们带来了文化基因，我们这个时代充斥了不同的思想和价值观，如果不去找到属于我们自己的价值观，坚定自己的价值诉求，则会很容易迷失自己。道家的无为、儒家的中庸，以及传统文化中的贵族和士大夫精神都会对我们有着极大的启示。尽信书不如无书，因此我们需要取得其中符合我们的价值理念的部分，来帮助我们应对这个复杂的世界。

第六章　文明之路：文明的逻辑

文明与历史

❖ 文明的进化

文明是增进文化创造的社会秩序，它包含四大要素：经济的供应、政治的组织、伦理的传统及对知识与艺术的追求。动乱终结之时即是文明的起点，因为一旦恐惧被克服，好奇心与进行建设的欲望不受约束，人们自然便会产生进一步了解并改善生活的冲动。

——威尔·杜兰特

文明是如何产生的呢？这个问题很多人做了回答，更确切地说，这是两个小问题：一个问题是，人类在最初的时候是如何拥有文明的？另一个问题是，后来文明是如何分化的，它的基本逻辑是什么？这里我们分别回答这两个问题。一个问题涉及的是文明产生的基本要素和逻辑，另一个问题是文明发展的内在逻辑。首先回答什么是文明，然后回答为什么现在的文明是这样的。

首先我们思考，现在的文明社会与原始社会最基本的区别是什么？有人认为是是否有分工的区别，或者有没有制度的区别。这两个答案都不准确，原始社会也有初步的分工，例如，巫师、工匠或者云游诗人，原始社会的专业化虽然分工不细，然而确实存在；而制度则存在于一切社会，即使最小规模的原始社会都具备基本的经济分配制度和组织关系，例如，图腾崇拜和入族仪式等存在。原始社会和文明社会最根本的区别在于前者是一个静态的社会，而后者是一个动态的文化。原始社会充满了稳定性，所有的规则制度安排包括分工都是稳定的，而文明社会则出现了明显的分化和动荡的状况，群体不断分化，制度不断改变，技术不断革新，社会如同奔驰的野马一刻不停地往前运动。这种运动在进步论者看来是一种激动人心的创造，而在以老子为代表的哲学家看来，则是一种显而易见的堕落。

关于这部分内容，我们后续还会讨论。总之，文明的本质在于变化和运动，因此发展到后来，文明的特征在于一切都被解构，一切权威都无从谈起的状态，即稳定存在的一切都变成了过去式。目前人类的文明社会就在一种既兴奋又迷茫的状况下度过，就好像处在一个高速列车中，没有人知道列车去往哪里，只在保持兴奋和焦虑的情绪中任其发展。

在了解文明产生了基本要素以后，我们就能显而易见地联想到文明发展的内在逻辑，就是进化论（或者演化论）。正如郑也夫所说，“文明是一个副产品而不是刻意发展的产物”。漫长的进化过程中，无论是生物还是文明都有多样性的特点。30多亿年的生物进化史中，生物的种类琳琅满目，而百万年的文明历史中，曾经产生了21个文明社会（见汤因比《历史研究》一书），其中15个文明产生于有亲缘关系的社会，而其他6个则由原始社会直接产生（包括中国社会、埃及社会、苏美尔社会、米诺斯社会、玛雅社会和安第斯社会）。生物进化过程中，进化的路径主要是通过变异和遗传实现，尤其是变异产生的竞争力使得生物得以持续生存下去。而文明则通过变异和分化获得新生，变异的文化在不断的内部斗争中获得相对优势，从而实现了文明的不断更迭和延续。在塞缪尔•亨廷顿的《文明的冲突》及弗朗西斯•福山的《历史的终结与最后之人》中，都涉及了文明演化的问题，我们来看看两位的思考逻辑。

前者认为，世界格局的决定因素表现为七大或八大文明，即中华文明、日本文明、印度文明、伊斯兰文明、西方文明、东正教文明、拉美文明，还有可能存在的非洲文明。“冷战”后的世界，冲突的基本根源不再是意识形态，而是文化方面的差异，主宰全球的将是“文明的冲突”。而福山则提出，有两大力量在共同推动着人类历史的前进，一个是现代自然科学的逻辑，一个是黑格尔—科耶夫所谓的“寻求承认的斗争”。前者驱使人类通过合理的经济过程满足无限扩张的欲望，后者则驱使人类寻求平等的承认。随着时间的推移，这两股力量最终导致各种专制暴政倒台，推动文化各不相同的社会建立起奉行开放市场的自由民主国家。

最后，我们对社会发展的驱动因素进行分析。在这个领域的研究最有价值的来自英国哲学家赫伯特・斯宾塞，他把社会进步的核心定义为“进化”。他把进化定义为“从科学所能探及的最遥远的过去，到新奇事物层出不穷的昨天，进步最本质的成分是从相同性质转化为不同性质”，即文明是从简单到复杂逐步进化的性质，人类社会从最简单的阶段（没有领袖的原始社群），经过复合阶段（有领袖的稳定村落），到加倍复合阶段（有教会、国家、复杂劳动分工的群体），到多重复合阶段（现代国家），文明的进化其实就是社会的进化。

基于这个认知，现在思考文明进化问题的学者更进一步提出“新进化论”。这种观点认为，第一，文明进化最重要的结果和原因就是出现了分化；第二，文明进化是可以量化的，这种量化的方式可以更精确地理解文明的内涵。进化论现在已经成为思考人类社会和文明正确的框架，而文明的进化到了后期也类似生物进化一样并不存在固定的方向，虽然西方文明到现在为止仍然有优势，但是东方文明再通过一段时间的进化也能够与其并驾齐驱。

总结一下，文明产生于人类求存的动机，类似生物进化过程中的变异，文明产生的冲突产生了进化，整个人类文明进程也得以发展。物竞天择对文明也有同样的适用性，唯有不断变化是文明生存的法则和动力，正如生物进化的非确定性一样，东西方文明也不存在一个固定的发展逻辑。但是基于对社会文明的度量，无论是东方文明还是西方文明，都在文明程度上不断进化，从而实现人类文明的总体进步。

❖ 历史的逻辑

任何一个文明都不是某一代人可以独立完成的，它必须由几代人前后承接，不断地新陈代谢才能向前发展，扼杀了年轻人的多样性，就相当于扼杀了这种发展的动力。

——阿诺德·汤因比

在探讨了文明产生的逻辑以后，我们需要对已有的总体文明进行解读和发展，从历史的角度了解文明的发展过程中是否存在普遍的规律、了解文明发展的动力来源等问题。在这个领域最重要的研究学者是英国著名历史学家阿诺德·汤因比，他被称为“与爱因斯坦、罗素并驾齐驱的通识型大师”，他的著作《历史研究》也被称为“现代学者最伟大的成就”。基于这本伟大的著作，对上述问题进行深入探讨，为读者提供一个更宏观的角度去理解文明和历史。

首先，我们来看看文明中心论的普遍性。虽然很长一段时间内流行着“西方中心论”，特别是在“冷战”结束以后，西方世界对自己的政治、经济和制度等多个方面拥有很大的自信和话语权。然而，时至今日，层出不穷的“黑天鹅事件”让西方文明受到了极大的挑战。实际上，从更大的历史时期看，文明中心论并不是西方社会独有的，而是从古至今在不同的时期，不同的文明范式中都出现过的。

这种文明中心论的普遍性，一方面和各地的民族心理有关，尤其是一个国家经济和军事上的实力在某个时期拥有的绝对优势。另一方面，强大的文明出现了文明的遮蔽性，即过于强大的文明自信通常会导致文化上的闭塞。例如，西方著名“历史之父”希罗多德的著作《历史》，其实质内容包含的范围只是希腊和波斯帝国的战争史，而中世纪时期的以世界为概念的著作，其实只是以地中海为中心的文明区域。不同的时期、不同的文明都体现出这种文明中心论的特点，从某个角度体现出文明在缺乏交流情况下的自闭的特征。

然后，我们解读下文明发展的动力，在汤因比看来，文明发展的动力不是单独的技术、制度或者经济等要素，而是受到制度、文化、经济和技术的综合作用。这种综合作用体现出了“静态和动态交替循环的特征”。所谓静态，就是指文明在经历一段时间发展以后，形成了静态的、固有的组织方式，这个静态指的是在社会制度、文化和领土等各个层面的稳定。而动态，指的是静态文明状态逐步失去活力以后，其他更有竞争力的文明形态通过竞争逐步替代静态文明。例如，在中国历史上游牧民族时常对农耕文明发起挑战，这也是中国帝国的权力时常更迭的原因。更进一步解读，虽然游牧文明经常在军事上占有优势，但是在文化上常常难以抵挡农耕文明的传统。例如，在中国无论是哪个外族成为某个区域的统治者，都会受到传统儒家文化文明的熏陶，用一套已经成熟的农耕文明的机制去管理国家。而在西方，罗马在征服殖民地以后，虽然这些国家逐渐消失，但是对罗马的文化形成了巨大的影响，基督教文明也是在这种情况下发展起来的。

最后，我们了解一下技术在文明发展中的作用。虽然现在很多科技领域的研究者都认为技术进步带来了社会的发展，更准确地说，技术进步是文明发展的结果。

这里从两个角度去解读，第一个角度是，单纯依赖某个单项技术并不能改变社会。例如，1880 年，爱迪生已经发明了电灯，后来发明还了电动机，但是直到 1910 年企业家还优先选择蒸汽动力而非电动力。原因是蒸汽动力虽然很不好用但是如果用电动机替代，需要改变企业的基础架构，工人的组织方式，并且需要提升工人的素质。企业家们在应用电动机的时候并不愿意提升这方面的成本，只有当技术逐渐成熟、成本降低幅度很大，以及人工素质逐步达标以后才能普及。这就是说，技术只是文明进步的一个要素，而文明进步以后才能让技术得到普及和发展。另一个角度，技术本身是一个很慢的变量，在这个变量中并不是更先进的技术一定代替落后的技术。在这个漫长的周期内，社会进步带动了对技术类型的选择，而不是技术决定了其他社会发展的要素，这就是为什么说技术是文明发展的结果而不是原因的逻辑。换个角度说，技术落后也不是文明发展落后，甚至衰落的原因，而是文明衰落的预兆。例如，清朝末期的鸦片战争帮助国人睁眼看世界，在观念层面实现了认知升级。当时的人们看到了技术上的劣势并开始通过洋务运动富国强兵，但是并未改变王朝结束的命运，因为技术落后是一个后知后觉的现象，而不是原因。

总结一下，历史发展过程中，文明的中心论很普遍，一个文明发展到一定程度以后就会体现出这样的中心论的趋势。而随着文明发展到静止的状态，就会受到动态文明的挑战，从而带来动态和静态文明交替发展的趋势，这就是历史发展的逻辑。而技术在历史发展过程中属于文明发展的结果而不是原因，而真正的原因则是文明内在的矛盾和外部环境的巨大变化之间的共同作用。

❖ 战争的力量

我们可以看到上万年来人类社会暴力事件的减少，但即便这一减少的趋势的确存在，它也不是直线型的，不是单一因素促成的；从战争因素对这一趋势的影响方面来看，更多的是因为反省和吸取战争的教训而出现的制度与观念的努力起了作用，而不是战争直接起了作用。

——伊恩·莫里斯

在讨论了文明的进程和历史的逻辑以后，我们需要关注一个重要的主题——战争。因为战争改变了文明进程并塑造了现代文明，不同文明的历史从某种意义上来讲就是战争的历史，是战争塑造了现代世界的格局。斯宾塞认为“战争不仅是最大的慈善，也是最大的正义”。接下来就讨论一下什么是战争，以及战争对文明进程的影响。

首先，我们讨论一下什么是战争。古希腊哲学家赫拉克利特认为我们应该歌颂战争，因为战争反映了世界的本源。在他看来，世界是由火焰这个单一元素构成的，万物从火而生又都消灭于火，在这个过程中物体毁灭然后带来了另外物体的新生。而战争就是代表了一种文明消失又有另外新的文明出现的过程，只有通过这样对立的竞争的方式才会有新的元素产生，这里面有一种道家哲学的意味。而《战争论》一书中则给出了两个定义。简单的定义是“战争就是迫使敌人服从我方意志的武力行为”，战争的目标就是通过物质力量让敌人失去力量，服从我方意志。因此，最大限度地使用武力是战争的基本要素。还有一个更有洞见、更广为人知的定义，就是战争是利用严肃手段达到严肃目的的人类活动。所谓严肃手段，就是战争；严肃的就是政治行为，也就是战争的目的是一种政治行为。如果战争是完全不受约束的绝对的暴力行为（独立于政治之外的行为），则成为动物间的杀戮而不能称之为战争。

政治目的是目标，战争是实现目标的手段，手段绝对不能与其目的分开来考虑，所有战争都能看成政治行为。只有这样看待战争，才能清楚地理解战争是如何随着动机性质的不同，随着导致其发生的局势不同而呈现出的不同的状态，而这种观点对军事历史、军事理论有着深刻的影响。

然后，我们讨论战争对文明的影响。伊恩·莫里斯的观点很有洞察，他认为人类经过上万年的进化，终于摆脱了部落与个人之间频繁的互相残杀，人类的暴力死亡率即使在激烈动荡的 20 世纪，也比在石器时代下降了 90%。而战争在这一个过程中起了很重要的作用，人类的战争总体上是建设性的。正因为通过战争，人类逐渐创造出更庞大、更复杂、组织更完善的社会。

这样的过程也导致了更大规模社会和更有力的政府的产生，即“战争塑造国家，国家缔造和平”。在《利维坦》一书中，霍布斯认为战争来自于人类的天性，归纳出造成争夺的三种主要原因：第一是竞争，第二是猜疑，第三是荣誉。如果没有一个权威让大家慑服，则人类永远无法摆脱战争状态，这就是人类社会逐步形成民族国家的内因之一。形成国家的逻辑是大家选出一个人或者一群人，赋予它们最高主权，让出自己的权利完全交给主权者达成一个社会契约。因此，战争塑造了政治的基本形态，也塑造了文明的基本架构。

最后，我们讨论一下现代战争中，为什么西方军队获取了不断的胜利。在维克托与戴维斯·汉森的《杀戮与文化》一书中探讨了这个秘密，答案是西方的文化。正因为西方文化中自由、理性的文化基因让西方军队获得了多场重要战争的胜利。西方军事体系的特殊性与传承性，并不因其军队的肤色、种族或者宗教改变，而是深深烙印于西方文化之上。西方人利用某种抽象思维，在远离宗教干涉和保持政治自由的情况下讨论知识，并结合自由制度与资本运作，将理论突破性运用到实际中。以这种方式来推动军事的发展，这些努力带来的成果，便是西方军队在杀戮他们对手时的技术能力保持了持续的增长。还有两个方面的优势也是西方文化带来的，一个是西方军事理论建立与抽象化提升而不是来自于经验主义，他们总能将第一手知识和抽象画理论研究融入实际操作当中。另一个是西方商业化制度，这个制度使得威尼斯这个小城邦在1571年的勒班陀海战中战胜了庞大的土耳其奥斯曼帝国。

总结一下这部分内容，从对历史动因和文明发展过程的解读中，我们可以理解战争是世界变化和转化的基本形式，通过文明的对抗从而形成文明进化的过程。而从现实角度来说，战争是政治的延续，战争反映的是人的天性，几乎是不可避免的过程。最后，我们分析了西方人在战争中屡战屡胜的原因，就是西方军队洞察了人类的天性，并基于自己的文化特征发展出成熟的战争军事理论和行之有效的战争组织，这也就塑造了现代西方文明的精神内核和文明的内在逻辑。

人性与自然

❖ 物欲与暴力

凡是符合本性的事情，就都值得去说，值得去做，不要受责备或流言的影响。如果你认为说得对、做得好，那你就不要贬低自己。别人有别人的判断方式，你有自己的特殊倾向，不要去理会他们。径直走自己的路，按照你自己的本性，遵循共同拥有的本性。因为此二者只有一条共同的、唯一的路。

——奥勒留《沉思录》

随着物质越来越丰富，战争和疾病离我们越来越远，产生了一个问题：从长久的历史发展脉络看来，人类世界有没有变得更加美好呢？正如孔子所感慨的“三年之丧，期已久矣。君子三年不为礼，礼必坏；三年不为乐，乐必崩”。无论是哪个时代的思想家都会对战争导致的国破家亡和社会崩溃有着巨大的忧虑。柏拉图在《理想国》中所描述的世界并没有完全到来，现在的世界也不是“哲人王”所统治的世界，那么，我们有在变好吗？如果有的话，为什么大多数人感到更加焦虑呢？接下来，我们从两个方面回答这个问题，一个是人类社会是否越来越暴力，一个是人类行为中对物质的追求是否越来越失当。通过探索这些看起来比较负面的问题，有利于我们理解当下的社会和人类的天性。

首先，从历史上看，由于生存竞争的需要，人类的历史某个角度是战争的历史或者叫暴力的历史。因此，我们需要关注的是人类这个物种从暴力的角度来说，从时间的维度上看从古至今的发展趋势如何？结论是，人类的暴力行为范围越来越少，暴力正在下降。虽然我们每天在新闻上看到如此多的暴力行为和小规模的战争冲突，但事实上这方面的行为确实是在减小。

斯蒂芬·平克在《人性中的善良天使》一书中提到，这种暴力行为的衰减具体表现为三个方面的趋势：第一个趋势是，由于人类长时间的生活在农业社会和狩猎社会，逐渐从原始部落过渡到农耕文明的封建社会，这个阶段的暴力死亡就减少到原来的1/5左右。因为稳定的社会结构使得内部的距离冲突减少，人类在粮食上的需求得到了极大的满足。而且随着分散割据的小国整合为中央集权的大国，各国发生战争的概率也有明显的下降。第二个趋势是，随着人类文明的发展，如欧洲启蒙运动和文艺复兴等出现，社会组织得到了极大的发展，不同类型的暴力行为，如奴隶制、野蛮的杀戮及种族灭绝等行为都得到了约束。人类在道德上开始谴责和不认可这样的行为，因此人类内部的非战争暴力行为得到了约束。第三个趋势是，“二战”以后国家之间（尤其是大国）的战争行为基本结束，武装冲突越来越节制，少数族裔、妇女、儿童等权利得到了保障。这样的发展趋势和人类的本性有关，人类这个群体是一种移情的物种，而且这种行为和感受得到了扩展。人类能够感觉和体验他人的境遇，所以对暴力行为有了共同的反感，而随着社会的发展，理性公平及人权等理念也得到了广泛的共识。

然后，我们思考，产生这样的变化以后，会带来什么影响呢？在20世纪中期之前，人类的历史几乎就是暴力的历史，而随着暴力的降低和人类在满足每个个体的温饱问题上取得的重大进展，过去的世界观就产生了根本性的变化。无论是中国圣贤还是西方哲学家，在过去很长时间内都在强调生存的艰辛和奋斗，而到了现在则转向伊壁鸠鲁的快乐哲学。在漫长的人类进化过程中，宗教、道德及进化论思想都曾或多或少主宰了人类的思想，主要的宗教都在强调修行和自我磨砺，因此给大量信徒在面临生活的艰难和不幸时以心理力量。而中国的诸子百家，则通过各种不同的学派来解决社会的矛盾和尖锐的冲突。当这些冲突逐渐消失以后，主流的价值观与文明发展趋势也就产生了根本性的变化。

当代的快乐主义哲学和伊壁鸠鲁学派有一定的区别，后者只追求感官的快乐和纵欲的享乐，而前者则来自对满足生存需求以后的对意义的追寻。这种意义体现为“通过寻找快乐的方式达到幸福的追求”，这种需求在现代社会是在过度的物质资源被供给以后，带给人们的就是无上境的炫耀心理，以及在炫耀背后人性的空虚和乏味。对比二者的差别，斯多葛主义通过追求道德和内心的平静是长久以来人类理性节制思想带来的心灵平静，而现代社会则充满了伊壁鸠鲁主义带来的享乐之风及炫耀之风，醉生梦死、纸醉金迷的就是现代社会最重要的标签，也就是从对暴力的追求转向对物质的享受。

最后，我们思考一下，物质对我们的生活起到了什么作用。无论哪个国家都把节俭当做美德，但是整个文明的历史从某个角度来说就是人们追求奢华生活满足物欲的历史，这就形成了一个矛盾：一方面大部分哲学家和思想家都在提倡俭以养德，另一方面人们的实际行为在追求物欲的生活。古代追求奢侈的生活主要是贵族国王和精英阶层的追求，而到了今天大众消费时代，人们信奉亚当·斯密及资本主义的精神。人们为了追求物质欲望会被看不见的手所引导带来整个社会的利益，人们认为，正因为对物质生活的追求才创造了更多的财富，而科技的发展则让以往的奢侈品平民化的趋势在拓展。这里我们注意到一方面人们观念的变化，另一方面社会的进步与人们个人欲望之间的关系，也就是我们不能单纯地看待追求物质好或者不好，而是看到过分节俭或者过分追求物质都会带来灾难性的后果。

总结一下，我们正处于物质极大丰富而暴力行为逐渐减少的时代中，而我们也慢慢成为伊壁鸠鲁主义的享乐主义和对物质过度自由的社会，攀比和炫耀的心理让大多数现代人丧失了生活的方向。而这时候需要的是斯多葛学派理性自省和节制自我，每个人只能通过观照自身的需求，才能满足心理层面更高的追求。正如马克·奥勒留在《沉思录》所提醒的，一方面能足够强健地承受，另一方面又能保持清醒的品质，正是一个拥有一颗完善的、不可战胜的灵魂的人的标志。

❖ 人性的火花

人的精神不可能随心随欲自由行动，不断出现的需要解决的问题决定了它的活动范围，这些问题与人的社会生活体系密切相关；社会生活的基本状态影响着个体，但它本身很少受到个体的影响，即使有影响也只是一定程度上的，然而，社会生活的现存状况也并非不可更改，它们有许多状态，而且会发生变化和转变。

——阿尔弗雷德·阿德勒

在讨论了人性中的暴力和物欲以后，我们开始思考这样的问题：自然状态下人性当中的善恶究竟是如何的？我们对内心的善恶是否有自由意志的控制力？只有对人性的善恶观念有了明确的认识，才能建立起对世界更深入的洞察力。

首先，我们对人性的善恶进行讨论，人性的善恶是一个争论已久的问题，这个问题和人类文明的发展息息相关。原因如下：一方面人类在不断的暴力和战争中的恶让身处文明社会的我们时不时提醒自己内心的兽性，将所有人对人性的本质报以怀疑的倾向。另一方面，是人类在追求终极幸福时，常常抱有进步论的倾向，认为只要不断地发展和进化，最终的幸福自然会到来，而政治家们也常常以此作为个体让渡出部分权利和自由给国家的主要原因和逻辑。

在这里，我们引用乔纳森·海特的观点，在他的著作《象与骑象人》中他认为人的心理可比喻为不同的两个部分。一部分是一头桀骜不驯的大象，另一部分则是理性的骑象人。所谓大象，指的是人内心自动处理情绪和事物的系统，包括本能、情绪和直觉等。所谓骑象人，则是理性思考的部分，它能帮我们提出理性的逻辑去面对问题，但是无法完全控制内心的行为。也就是说，人的内心先天性的有无法控制的恶的部分，但是我们通过学习如何引导内心中的非理性部分，从而找到控制它的办法，虽然无法完全的控制，但是能够产生积极的引导。

然后，我们来看两本著名的文学小说中关于人性的探讨。一本是罗伯特·迈克尔·巴兰坦的《珊瑚岛》，一本是威廉·戈尔丁所写的《蝇王》，这两本书都是荒岛求生类的小说。《珊瑚岛》中描写了拉尔夫、杰克、彼得金三个少年因船失事漂流到一座荒岛上，他们如何团结友爱、抗强扶弱、智胜海盗，帮助土人构建了一个文明战胜野蛮的完美结局。而《蝇王》则耳目一新地描写了构建一个荒岛的生存悲剧，它所描述的故事是，在未来的一场核战争中，一架飞机带着一群男孩从英国本土飞向南方疏散，飞机被击落，孩子们乘坐的机舱落到一座世外桃源般的岛上。这些小孩如何因为害怕莫须有的野兽分成了两派，崇尚本能的专制派如何战胜了讲究理性的民主派，野蛮的核战争把小孩们带到了这个荒岛，而人性内心的恶则把一个乐园般的荒岛变成了屠场。

这两本书同样构建了荒岛这一个场景，却迎来了完全不同的结果。关于人性之恶的问题的一个衍生，就是有关不同的政治社会的产生。两部小说中关于人性的探讨完全引入了不同的部分，《珊瑚岛》中认为人的先天性会形成互助和共赢的状态，善良的人性可以帮助人们更好地组织起来，让人们即使身处荒岛也能够发挥更有利于生存的选择。而《蝇王》则提炼出了人性中恶的一面，让一群看上去天真无邪的小孩在一个看似乐园的荒岛上建立起对立的、野蛮的社会，并因为莫须有的怪物让这种冲突变得尖锐，赤裸地揭示了人性中负面的部分。提出这两本书是让读者能够看到，人性中的善与恶能让不同的人在同样的环境中做出截然相反的选择，人性的复杂也塑造了复杂的现代文明。

最后，我们看看亚当·斯密是如何看待人性的复杂性的。这里的观点主要来自他的著作《道德情操论》。先说结论，就是人性是自私的，但是同时具有同情心和爱心。首先，他认为人是自私的，如果不自私的话就沦为伪君子或者不懂得自爱的人。这样的人连生存竞争的资格都没有，而这种自私也是亚当·斯密在《国富论》中构建理性人经济学假设的基础。其次，他认为人是有同情心的，也就是能够具备考虑他人感受和想法的能力。更进一步说，人拥有爱的能力，虽然不同人拥有的爱的能力有差异，但是对大多数人来说，这种能力是普遍存在的。最后，他提出人的同情心，是随着人与人之间关系的远近而产生差距的。这里的观点更靠近中国儒家大师孟子所言“老吾老以及人之老，幼吾幼以及人之幼”的状态了，就是人要先爱自己的亲人，才能由此及彼、推己及人，想到别人和自己一样，也有父母兄弟子女，也应该被爱，这才给他们爱。

这里补充一个孟子的观点，君子对于万物，因为万物不是人所以只需要爱惜不需要仁德，对于民众，只需要仁德，不需要亲爱。本质上就是在说，爱是有等级、有差别的，越亲近的爱得越深越多，越疏远的就爱得越浅越少。亚当·斯密显然也是赞同这种有差别的爱的观点，相比之下，墨子所说的“视人之国若视其国，视人之家若视其家，视人之身若视其身”则完全不一样。墨子的兼爱精神提倡人人平等、四海一家、天下大同，大家互相之间相亲相爱，这个观点虽然很好，但是却不符合人性。

总结一下，我们应该如何去理解复杂的人性，人性中的善与恶共存，无论是刚出生的小孩还是成年的大人都一样。面对人性，就好像骑在大象上的骑象人，我们需要关注它的复杂也要学会控制。而对于外部世界，亚当·斯密的人性观点告诉我们，正因为人性中的自私和爱并存，导致在小圈子内的人和人之间有爱，大圈子则产生了市场机制，这就是我们的人性所产生的价值所在。

❖ 自然的法则

社会学影响力的一个表现是，它既受人欢迎也遭人谩骂。确立已久的学科笑它是一位笨拙的新来者，却又采纳它的观点。普通人嘲弄那些以此为职业的人，却又将社会学的某些假设视为理所当然，政府指责这一学科危害道德和社会秩序，却又聘用社会学家来评估其政策法规。

——史蒂夫·布鲁斯

在深入地讨论了人性以后，我们从单个人的个体放眼到由人组成的群体中，就进入了社会现象的领域。严复翻译斯宾塞的《社会学原理》就译为《群学肄言》。那么，关于人类这个社会群体，有什么样的特点呢？我们能不能用解释自然的方式去理解社会运行的法则？什么样的社会才算是健全健康的社会呢？这几个问题我们来逐一回答。

首先，我们去理解人类是如何由个体组成社会的。人类学家罗宾·邓巴曾经提出过邓巴数理论，就是由于灵长类动物大脑的认知局限，每个人能维系的熟人关系不能超过150个。而人类早期社会的群居组织也确实没有超过这个数量，那么人类是如何突破这个限制的呢？要知道人类还面临着语言不通、交通不便，以及小群体关系等困难。按照《群居的艺术》一书中的观点，人类突破这个限制有四个主要的动力：第一，暴力的冲突，由于暴力的存在使得人类社会组织化，结盟活动大量的存在。第二，家长的权威，亲缘关系的拓展使得家长权威成为族群规模扩大的重要动力。第三，基于师徒关系的专业团体兴起，使得小型熟人社会得到了极大的拓展。第四，武装团体的集团化使得国家雏形产生，社会组织因此不会再退化到群组状态。当然，到了今天，权利的兴起则是现代社会构成的主要原因，法律约束了社会群体中每个人的责任和义务，也使得大型的社会能够长久稳定地存在。

然后，我们来讨论一个问题，就是老子曾说过道法自然，那么真实的人组成的社会是否真的按照自然去发展。怎么理解自然规律和社会发展规律之间的关系。这里我们主要谈老子和斯宾塞的观点。老子的观点就是宇宙存在一个统一的道，无论是自然还是人类社会的万物，只有按照这个道去运行才能继续生存发展，反之只会衰老灭亡。在老子看来，道比什么礼仪重要得多，正所谓“失道而后德，失德而后仁，失仁而后义，失义而后礼”。在老子看来，德仁义礼是逐步从好到坏的一个过程，正因为道德沦丧、信义全无，才需要礼的出现来规范人们的行为，老子的道就是无为，就是遵从自然的规律。只要遵从了自然的规律，社会自然就得到了发展。西方学者中的斯宾塞是社会学的创始者之一，他出版了《社会静力学》一书，在他的观点中就认为，社会进化的逻辑和自然进化的逻辑。作为有机体的社会是一个非常复杂的系统，这个系统也具备一定的生物性，正因为如此，自然的规律才会起到明显的作用。

最后，我们来看看什么样的社会是健全的社会，我们经常听到健全的人的说法，健全的社会的观点则很少听闻，因为一个社会只要正常运转则被大多数人认为是健全的，实际上这个观点并不全面。人本主义精神分析的开创者艾里希•弗洛姆在他的著作《健全的社会》中对真正健全的社会进行了定义，社会是否能够满足人性的需要，是否能做到以人为本，只有一个社会满足了社会成员的合理需求，促进了每个个体的健康发展，社会才是健全的。

按照人本主义科学中的马斯洛需求理论，人的基本需求分为五个层次：交往沟通的需求（即和他人建立关系，摆脱孤独感的需求）、超越和自我实现的需求（即每个个体通过创造性的活动，实现自我的需求）、寻根的需求（即找到自身的来源的需求）、身份认同的需求（即获得他人尊重和社会肯定的需求），以及自我定位和信仰的需求（即找到自己生存的原因的需求）。人们为了完成这些需求可以通过发展人类自身的理性去完成，而社会则需要为人们提供这样的环境。健全的社会就是一个自由人的自由联合，而每个人的自由发展就是所有人自由全面发展的前提。为了实现这样的社会愿景，每个人都要付出努力，而且在经济、政治和文化多个方面都需要提出更高的目标。

总结一下，人类由于各种不同的动力因素突破了邓巴数的困扰，从个体到群体，从群体到部落，以及国家，从而形成了稳定的社会。社会的发展规律的内在逻辑和自然的规律一样，具体来说就是符合进化论的内在逻辑。而一个健全的社会则需要满足社会的个体在多个方面的需求，为了满足这些需求，每个人作为社会的一个部分去努力，才使得社会这个共同体能够继续进步，这样社会才能反馈给我们满足那些需求的空间。

第七章　群体之路：重新理解世界

政治的江湖

❖ 政治的溯源

秩序是通过对国内的统治建立的，而不是通过国与国之间的均势建立的。中央政府统一时，秩序就稳定；统治者软弱无力时，秩序就不稳。在帝国体系中，战争通常表现为帝国边陲燃起烽火或是爆发内战，帝国权力所及之处，也是和平所及之处。

——亨利·基辛格

在讨论了社会学的起源以后，我们了解到人类拥有比其他生物更加复杂的社会结构。人类由于群居的规模越来越大及开始定居的生活，相互之间的关系从共谋安全到合作互动，因此产生了分工合作及组织，从而产生了政治。在本篇文章中，我们需要讨论几个问题：为什么人类社会的发展出现了组织？无政府状态为什么不能长久持续？如何正确认识政治权力的存在？如何理解主权国家的存在？通过对这些问题的深入洞察，我们能理解现在社会形成以后的制度是如何构成的，以及作为一个公民的我们能够对构建现代政治的机制和要素有更深刻的认识。

首先，我们讨论制度是如何构成的。在人类选择群居作为生活的主要方式以后，在很大程度上并没有产生很复杂的社会分工，而是以采集与食腐为主的松散生活状态。直到人类形成了定居性社会形态，即稳定边界的村落开始存在以后，人们才开始形成了稳定的社会秩序。当开始定居生活以后，人们就开始形成了社会分工的问题，进而产生了分工以后进行交换的需求，以及如何维持社会稳定的问题，这一切就促成了制度和组织的产生。由于人类在当时的环境中，面临着残酷的生存竞争，因此，虽然最初的自然状态下人们能够平等地生活在一起。但是为了更好地互助以求得安全，创造更具备效率的社会，组织就产生了，因而社会制度就产生了。

制度的产生带来了三个连锁反应：第一，制度使得人与人之间出现了角色分化的现象，也就是出现了决策者和一般民众。由于每个个体的能力和在社会中的影响力的差异，使得有能力且让大众信服的领袖产生了。第二，政治阶层开始出现，正如希腊哲学家柏拉图所说的，国家就是一艘大船，政治家就好像船长一样需要带领人民穿越政治、经济和社会等多个方面的狂风暴雨。实际上，政治家并非单个个体或者领袖，而是一群人组成的团队，也就是政府开始出现了。第三，组织分工现象会越来越明显，即人们必须清楚区分不同特征的工作，然后不同的人根据个人能力和兴趣的偏好进入不同的分工组织。更进一步说，制度产生使得人们开始社会分工上的分化，而制度产生也就是政治的起源。

然后，我们讨论权力是如何产生的。由于人类集体生活的必然性和制度逐步产生，我们知道了制度出现以后，政治阶层就会产生，即所谓政府就产生了。尽管每个社会个体都有表达自己诉求的欲望，但是只有少部分人才能有足够的天赋和能力去承担治理社会的责任，正如社会学家米歇尔所说，政治是少数精英在玩的游戏。在这个过程当中，由于资源是稀缺的，人类群体之间的冲突难以避免，为了获得对分配资源的优先或独占性，权力关系就产生了。

从历史发展看，权力以不同的形式出现在不同的历史阶段和社会制度中。最开始出现的是君主制，即终身制度的政治领袖，君主们塑造让人们以为只有他们才能满足社会治理需求的假象。君主们以所谓君权神授的方式来树立政权的合法性，而随着人们需求的增加和知识水平的提升，制度发生了不对称的变化。绝对的王权被放弃而民主社会开始出现，不过无论是哪种制度，都拥有两个特点：第一，权力虽然是少数人的，但是如果没有大多数民众的支持则权力无法维持。第二，并没有不可替代的领袖，重要的是少数精英提供的政治服务能否满足多数民众的需求。这种现象使得虽然政治是少数人的游戏，但是不得不为大多数人的需求去努力，从而使得政治合法性能够持续存在。

最后，我们来看国家是如何形成的。在讨论了权力和制度以后，我们知道了人类是通过理性考虑形成了社会，从而产生了制度和权力。理论上来说，人们以自愿为基础进入了社会，那么当社会不符合个体需求的时候，应该有退出的权力，而实际上，现代国家制度并不允许这样的现象出现。那么，我们来看国家形成之前，是什么要素推动以至于产生了这样的机制。这里有两种不同的解释，一种解释是由社会契约产生的，就是个人的同意和接受是国家产生的主要前提。例如，哲学家黑格尔就认为，国家是以相互怜惜为基础的普遍利他主义。另一种解释是人类的生存活动中，为了获取更多资源互相之间产生了战争和掠夺，国家是暴力的产物，这种说法得到了社会学家奥本海默的支持。古代社会的发展也侧面验证了这个观点，强迫人们加入特定的社会和接受既定规范几乎是所有类型的历史上的政权所共同拥有的特质。人类最初加入社会也许是理性和自愿的，但是随着社会的扩大和权力的产生，人们不需要同意就自动加入了某个组织中，并承担相关默认的责任和义务。

总而言之，由于人类群居生活的出现，使分工和制度得以出现，而制度中需要领导阶层的出现，则导致权力的出现。而由于人类在发展中所面对的生存危机和战争威胁，国家这一庞大的政治实体开始出现。随着时间的推移，国家的出现并不需要每个人同意，人们就自动加入了某个国家，享受权利并承担责任，即整个人类政治产生的逻辑，就是由于生存的需求和对资源的分配导致的结果。

❖ 理想和现实

任何经济、社会与政治体制下的既得利益者，无论个人或团体，都会按照他们的需求来塑造社会道德和政治安定。这些既得利益者的信念都是为了服膺他们持续的自满，而当时的经济与政治观念也会加以配合，结果便出现了一种汲汲于取悦这些既得利益者，并努力确保其既得利益的政治市场。

——约翰·加尔布雷斯

在理解了人类为什么会群居及随之带来的分工、制度，以及政治群体以后，我们来思考一些关于政治问题的更深层次的东西。思考两个问题：第一个问题是，人类和低等动物最大的差异是什么？在脱离自然世界以后的人类在群居生活中应该如何相处？第二个问题是，政治带给我们的是更加幸福还是更加不自由的生活？思考这两个问题有利于我们了解理想中的社会和现实的差异，以及了解政治发展的趋势和走向。

首先，我们需要认知到，如果没有自然的馈赠和进化的选择，人类是不可能单独发展出如此璀璨辉煌的现代文明的。正如哲学家杜威所言："人类和低等动物的最大不同在于人类拥有过去的经验，过去种种会在记忆里复活，然后反射到关于未来种种的计划中。"而拥有过去经验的基础就在于人类在大脑中拥有额叶这个特殊的组织，而且人类的脑容量远大于同等大小的哺乳动物，理想当中人类似乎是自然进化中最有竞争优势的物种。

但是，另外一面就在于，人类进化出来的生物特征，在很大程度上对客观世界的认识存在明显的错觉或者偏见，人类的大脑会对客观信息进行过度的解读，而且人类的各种器官对信息的采集也系统性地进行了过滤。虽然我们采取了一系列方式去纠正我们的偏差和缺陷，但事实上由于先天性的缺陷和进化的过程，我们不得不接受一个现实，我们看到的世界不可能是一个完全真实、客观的世界。事实上，大多数情况下我们只是建构起一个自以为的世界，然后在各种自我构建的意义上进行斗争和对立，我们很难真正地意识到眼前世界的真相并了解自己与这个世界的关系，需要更高、更深入的智慧才能帮助我们去理解这个世界。

其次，我们具体看看所谓无政府状态，即没有政治阶层分化的阶段过渡到有政府的阶段，这个过程中发生了什么。理想情况下，是人们通过所谓社会契约将保护自己生命财产的权力交给政府，然后让它公正客观地安排所有人的生活。由于这种权力是通过社会契约进行让渡的，因此，理想情况下是可以退出的，就像哲学家洛克所说，“如果政治社会本身不再具有保护大家并处罚那些侵犯别人财产的犯罪行为的能力，它就不应该继续存在下去”。

然而，现实并非如此，就如前文所提，人类社会实质上是由于生存的需求逐步形成了群体，而国家则是在社会存在以后形成的政治实体。事实上，国家指的就是社会，而政府指的是这个社会中的领导组织，个体和国家之间的关系就是个体和群体的关系。而国家的形成几乎是不可逆转的，因为随着人口增加，人类对有限资源的争斗就会增加，战争使得国家范围越来越扩大。而社会契约自然形成国家的理论显得有点太天真，国家的存在和社会的阶层划分、宗教的发展及战争之间有着密切的关系。

最后，我们来看看现代国家是否就是理想的人类社会群体的组织形式。自古以来大多数人都生在一个有政府的社会，但事实上，大多数古代的政府都会对人类生存和文明带来毁灭性的伤害，它所承担的责任，如公共安全等则经常无法履行。国外的学者曾经把国家比喻为一部有兽性的机器，提倡无政府主义。在前文中我们提到的俄国思想家克罗泡特金认为，国家本来就不是人类自古拥有的事物，而政府制度是阻碍人类文明发展和进步的最重要的原因，这样的主张经常被众多学者所提及。然而现实是，即使人类历史上的政府存在少数精英的领导无能，以至于无法公正的解决社会问题，甚至会有滥用权力及过度暴力的倾向。但是到目前为止，还没有替代现代政府机构治理国家的有效方案。我们作为一个个体既是独立自由意志的自由人，也是国家这个集体中的一部分。在目前的社会结构中，只有让渡出我们的个人权力才会拥有更大的安全保护和基本的生存保障。而人类的政治也由于文明的发展，从独裁的君主制度走向现代各个国家有差异的民主制度，形成了一种非常微妙的平衡艺术。不仅是普通大众和少数精英的平衡，也是少数精英内部权力的平衡。

总结一下，由于人类的认知缺陷，常常会在认识客观世界的时候产生一定的偏差，虽然看上去政府的产生是自由人主动签订社会契约的结果，而事实上，是人类社会向前发展进步时面对资源稀缺的激烈竞争和生存危机的必然产物。虽然理想状况下政府是可以随时取消的，但是由于现实的关系，我们并不能随时否定契约，而是通过建立平民和精英的平衡来构造更好的政治实体。

❖ 群体与个体

群体因为会夸大自己的感情，因此它只会被极端感情所打动，希望感动群体的演说家，必须信誓旦旦、夸大其词、言之凿凿、不断重复，绝不以说理的方式正面任何事情，这些都是在公众集会上，演说家惯用的论说技巧。

——古斯塔夫·勒庞

在充分理解了政治是基于社会产生，以及个体在认知世界的局限性以后，我们的一个重要认知是，对每个个体来说，他们都拥有两重身份，一个是拥有独立意志的个体，一个是作为国家这个政治实体的集体人。

那么，我们需要思考一个问题，对于政治问题来说，我们是听取个人的自由意志的选择还是相信群体的智慧？前者就是政治哲学中的精英政治或者领袖政治的思想根基，而后者则是现代民主政治构建的基础。我们要讨论这个问题，就要讨论人类在选择政治道路的时候，群体和个体之间的博弈，以及认识到群体决策在某些方面可能出现的问题。

首先，我们要意识到人类在政治行为当中的行为模式的来源。这里我们主要从灵长类动物的本性去判断，意大利行为生物学家马埃斯特里·皮埃里在他的著作《猿猴的把戏》中详细介绍了灵长类动物的本性和人类行为之间的关系。他观察到猿猴群体和人类社会都热衷于“权力的游戏”，这个游戏的主要特点有三个：第一，猿猴群体和人类社会都存在支配结构，即存在群体中的从属关系。而这种从属关系基本都要通过暴力行为得到确定，从而使得不同的个体在资源控制力上产生差异，且这种支配结构并不稳定。当一个权威支配者衰老以后，往往就会被替代。第二，猿猴和人类都存在裙带主义的特点，即用损害他人的方式帮助离自己血缘关系更近的个体。人类的裙带主义总在破坏既有的社会与法律准则，在没有固定裙带关系的情况下，人类倾向于使用联盟或者联姻的方式去建立这样的裙带主义。第三，群体中的自组织现象很突出，即结盟策略是大多数个体的选择。个体在进入群体以后，以牺牲自己的行为倾向去满足群体的利益和行为准则。这几个特点导致人类在政治行为当中必然出现群体抱团和为了共同政治利益而对其他群体进行排斥和博弈的行为。

然后，我们讨论关于以人为本的政治理想和群体智慧的政治理想的发展，以个体为核心的政治主张和以法治为核心的政治主张最早可以追溯到希腊哲人普罗泰戈拉和柏拉图。前者认为“人是万物的准则”，就是对于所有事物的判断是基于人类自己设定的标准而非自然的需求，人作为一个核心是政治思想的关键。而柏拉图在《理想国》中则强调了建立一种可以超越人治的机制来规范人类的生活。当然，由于柏拉图还论述了“哲人王”的概念，也强调了领导者的素养和行为是决定性的，所以柏拉图在法治和人治两方面都有论述。这两种看法都是在解决人类政治问题时候的主张，但是我们要关注的事实无论是个体还是群体，都是以人为本的解决方案。

正如霍布斯所说，人类群体既是国家的制造者，也是构成体，这种双重身份让人作为核心是一个基础。对于以人为本的政治逻辑来说，要防止的是由于人治主义往往认为普遍真理不存在，所以人治很难形成统一的共识去推进社会的建设。而对以法治国的政治逻辑来说，则要防范所谓集体群体决策在效率上的缺陷，以及陷入乌合之众的状态。从历史上看，个人主义和集体主义作为两种不同的政治思潮逐步演进，人类需要在其中找到一个中庸的状态。因为二者需要解决的问题是一致的，就是解决人类社会面临的各种困难，个体主义实现的路径需要集体的支持，而集体的理想则需要个体的自我牺牲，二者往往以某种比例调和进政治制度当中，去符合当下的时代环境。

最后，我们探讨群体文化的缺陷。这里介绍两本书的观点，一本是《乌合之众》，一本是《群氓之族》。前者较为有名，作者是法国著名社会心理学家古斯塔夫·勒庞，也是群体心理学的创始人。勒庞认为人们一旦形成群体，就会出现智力下降、自信倍增、情绪激动等特征，即群体的思想占据统治地位，而群体的行为表现为无异议、情绪化和低智商。需要注意的是，不是随便聚集的人就是群体，而是这些人具备同样的心理诉求以后才能形成群体。形成群体以后则会产生群体感情的狂暴，而成为群体领袖则需要很大的名望，最重要的品质不是博学多识，而是“具备强大而持久的意志力”。他认为民众为了追求幸福会愿意牺牲自由追随强力领袖，赋予其绝对权力，用想象判断模仿他人行为，成为盲从的个体。

《群氓之族》则是美国学者哈罗德·伊罗生撰写，他认为随着人类科技全球化，政治呈现部落化的趋势，人类活在分裂的社会当中。他认为族群意识可以建立一个国家也可以撕裂一个国家，人类各种部族之间由于民族主义的影响已经被撕裂成了不同的部落群体。现代人对归属感的需求也在逐步增强，正因为这种群体化趋势的出现，现代人的焦虑感和孤独感正在提升，而族群的对立也会越来越激烈。

总结一下，当我们认识到形成群体是人类的本能以后，我们发现政治的权力游戏也是人类的本能。在历史进程中，人类尝试以集体主义和个人主义去解决社会问题，从而形成了不同的政治理念，而现代国家则通常在这两种理念当中进行调和和中庸。需要意识到的是，群体组织带有先天性的缺陷，可能成为盲从的乌合之众。而且随着科技和社会的发展，人类群体的部落化趋势越来越明显，我们需要在这样的趋势下意识到个体和群体之间的关系，以及通过自我强化来防止群体意识的过度影响。

经济的世界

❖ 经济学思维

经济学是一门研究财富的科学，同时又是一门研究人的科学，世界历史来源于宗教和经济的力量。

——阿尔弗雷德·马歇尔

当理解了人类文明是如果如何逐渐形成了群体，并发展出国家这样的政治事宜之后，回顾历史，我们看到整个文明历程的发展实际上并不是匀速的，在工业革命之前基本没有太大的变化，而在工业革命后，人类的科技、经济、文化等各个方面实现了大发展。这里就需要引入经济学中的概念——GDP，我们可以看到工业革命前后的世界有两个非常明显的变化：第一，工业革命之后的200年，世界人均GDP在直线上涨。也就是说，在人类从智人开始的250万年文明中，人类社会从长时间的停滞增长到突飞猛进地增长。第二，在工业革命之前不同国家的经济与其人口密切相关，基本上，人口总量大的国家占全球GDP就多。相比之下，工业革命之后则出现了分化的现象，国家的人口和面积已经不是经济发展的主要因素了。为了理解这个过程的变化，以及理解经济学思维的作用，本篇中将对这个课题进行深入探讨。

首先，我们来看经济学主要研究的问题范畴，这个问题，不同的经济学家有不同的观点。例如，亚当·斯密在《国富论》中认为，经济学是“研究国民财富增长和分配的科学”，由于亚当·斯密的理论是市场机制是否有效决定了一个国家财富的总量，因此，他认为经济学研究的就是市场运作的原理。而伦敦经济学院的莱昂内尔·罗宾斯则在他的著作《经济科学的性质与意义》中阐述到“经济学是研究稀缺资源如何有效配置的科学”。这个定义在西方的经济学界有很大的影响，也是现在公认的定义经济学研究范畴最标准的概念。不过近年来，这个定义不太适用于经济学的发展了，尤其是在行为经济学发展越来越快的今天。

2017年的诺贝尔经济学奖就颁发给了芝加哥商学院教授理查德·泰勒，他主要研究的方向就是将心理学纳入经济学讨论并衍生出行为经济学。对比传统经济学与行为经济学的差异，传统的经济学是研究理性人如何决策的科学，而行为经济学研究的是有目的的人是如何行动的。在这个问题上，我国著名经济学家张维迎提供的概念是"经济学是研究人类如何合作的学问"，这个定义在更宏观的范围内覆盖了经济学研究的范畴，并且符合我们从人类文明发展这个角度去看待事物。之前我们提到，人类的文明主要由竞争和合作发展而来，竞争产生了暴力和战争，而合作使得族群能够逐步扩大为国家，这就是人类的合作精神的体现。著名俄罗斯学者克鲁泡特金通过认真考证，在其《互助论》一书中提到，人类在自然状态下，一切人对一切人的战争并不存在，而是自然形成了族群和部落。人类通过血统和共同的祖先崇拜来维系彼此的关系，这样的关系是自发形成的，互助的天性使得人类形成了按照低于原则结合形成新的组织形态。经济学就是基于这个基础去研究人类如何进行合作的课题，尤其是在当今时代大多数族群已经不是固定的，研究陌生人如何进行合作推动经济增长发展是经济学主要研究的课题。

然后，我们来看所谓经济学的思维方式是什么。我们都知道人类行为都带有明确的目的性，也就是做某个决策一定有动机。经济学关注的就是人类的行为，以及这些行为背后的动机。值得注意的是，虽然经济学研究的课题很多都很宏观的，但是只有每个个体才能决策自己的行为。按照之前所说，一个集体是没有能力去决策的，最终会落实到某个个体的决策。经济学思维中最主要的逻辑就是，为了达成某个目的，人们必然需要采取行动，而采取行动以后就必然付出代价，也就是产生了所谓的机会成本（人们为了达到某种目的必须放弃的最大价值）。

进一步推论，对于不同人来说不同物品的价值是有差异的，这些差异使得经济行为发生。自由交换可以顺利进行，而在交换的同时，是正和博弈在起作用而不是零和博弈，也就是经济行为让双方都会获得收益，而不会产生一方收益一方损失的情况。在交换过程当中也并不存在所谓的等价交换，因为不同人对不同物品的评价不一致，所以才会产生了不等价交换，也就产生了财富。这里再回顾之前我们讨论社会这个概念中的一个重点，就是人类群居以后产生了分工的现象，正因为分工的存在，所以才会产生了交易。分工合作不仅提高了人类的生产力使得单个个体难以完成的工作得以进展，更进一步验证了人类通过互助的行为来达成共同目标的天性。

最后，我们看一下经济学在其他方面的认知的启发。这里推荐牛津大学动物学博士，著名科普作家马特·里德利的书《理性乐观派》。在这本书当中对经济学的作用进行了进一步的扩展。这里大致介绍一下这本书的核心思想。例如，饥荒、资源短缺及全球变暖等。很多人认为这些行为都是因为人类的贪婪导致的后果，也有很多人认为我们应该倒退到没有科技的时代才能恢复自然的原貌。然而作为一个理性的现代人，知道科技对人类社会的重要性，以及社会发展不可能倒退的现实。在里德利看来，我们不仅要过现在的生活，而且要让科技更加发展、物质更加丰富，这样才能产生更多的价值交换。正是因为科技和经济的发展，以及在发展中积累的智慧，才使得人类文明进步到当今社会的地步。

通过回顾人类的历史，我们看到悲观论者的预测从来没有成功过，悲观论者的预测基础就是根据现在的情况不变化去预测未来，悲观论者最大的问题在于没有考虑市场使得人类知识发生变化，从而得到了更好的解决方案。理性地看待历史，通过学习经济学从而能够学习到积极乐观地看待未来的人生态度，这是经济学的学习过程中应该获得的洞见。

总结一下，经济学主要研究的就是人类在出现分工以后是如何合作的，这个合作是人类文明之所以进步的原因。而经济学带给我们在思维方式更大的启发在于，我们应该采取理性、乐观的方式看待未来，因为每次人类都能通过相互之间的互助增加集体智慧的方式，来创造远比想象中更好的未来。

❖ 决策的艺术

经济学关注人的行动，不仅要关注人究竟采取了怎样的行动，而且更重要的是要关注他们为什么采取这样的行动。只有这样，我们对于整个经济现象才能有更为深刻的理解。

——张维迎

人类社会发展到今天，大多数主流的国家已经发展为商业的社会，即陌生人之间合作的社会。商业社会最大的特点在于合作并不只在熟人和有血缘关系的人之间进行，而是拓展到完全陌生的人之间。因此，我们需要思考一个问题，这种合作是如何产生的，即陌生人之间的相互信任是如何产生的。我们来讨论市场经济及其发展的逻辑，并讨论一下人们是如何真实做决策的。

首先，我们来讨论市场的逻辑，这里又要回到亚当·斯密了。亚当·斯密的《国富论》对市场如何发挥作用进行了解释，他认为经济的发展依赖技术进步和创新，而市场机制发挥作用的核心就在于分工。分工以后，每个人对劳动的熟练度会提高，而技术创新也就出现了。某个市场是否能充分发展就在于这个市场规模是否足够大，如果拥有足够大的市场规模，分工就会越来越细，然后技术就会进步，财富就会增长，反过来也会助推市场规模的增大，这样就形成了一个正向增长的闭环。

简单的概括，就是分工和市场使得国民财富得到了增长。这里提到的经济学最基本的假设之一，就是理性人的假设，即亚当·斯密认为每个人根据自己能够掌握的信息和资源，寻找能够让自己利益最大化的方法。事实上，这个假设只是为了在数学上更好地论证经济问题，通过之前关于人类行为模式的讨论，我们知道人实际上是有限理性的，卡内基梅隆大学的教授赫伯特·西蒙就因为研究人的决策理论得到了诺贝尔经济学奖。随着行为经济学的发展，人类行为的非理性则被更多的经济学家所关注，尤其是关注人类认知系统先天受到进化过程与文化习惯的影响。因此，我们这里主要探讨人类在真实生活中是如何进行决策的。

如果说“理性经纪人”假设指的是有理性思考并能做出最优选择的人，那么实际生活中的决策就可以称作“社会人”，就是有限理性的人。这里推荐芝加哥大学商学院教授理查德·泰勒的《助推》一书，他在书中描述了如何基于有限理性的假设使决策更加合理。他认为，人类大脑中有两个认知系统而不是一个，可以称为“系统 1”和“系统 2”。“系统 1”是无意识的自主运作系统，“系统 2”则需要谨慎和思考。“系统 1”反应较快，它总是依赖习惯、情感和直觉做判断，而“系统 2”则像是一台计算机，它比较谨慎而且会推断，尽管有时候速度很慢，但能仔细考虑各种可能性。我们所做的选择通常来说还是最合适自己的，与其说“缺乏理性”，还不如说有限的理性能够帮助我们做出更优化的决策，这个决策有时候会比全面衡量得失更优化。

我们做出决策其实就是做出选择，目前有三种主要的方式：自由主义的方式，即保留自由选择的权力；专制主义的方式就是人们在做选择的时候有时候需要强制；最后一种方式是自由主义的温和专制主义，前提是自由主义，但是如果做不出更好的选择就采用温和的专制主义，就是不强制选择，而是建议你在某些可能的选项中选择价值更高的。

最后，我们来探讨社会人和经济人的区别及目前经济学发展的一些趋势。目前的主流经济学，即新古典经济学主要研究在一定条件下市场交易能够实现的最优化配置，但是由于理性人假设的不成立、信息的不对称性（市场的主体对信息的了解不可能是完全一致透明的），以及竞争的不充分性等原因，新古典经济学的范式饱受质疑，尤其是随着行为经济学的发展，经济学家们也普遍接受了这个质疑。

具体来看经济学研究的一些方向和趋势所在：第一，有限理性替代完全理性，原因如上文所说，虽然从赫伯特·西蒙开始这个问题就已经得到关注，但是真正受到重视还是近几年行为经济学的发展使得传统的范式的可靠性受到了挑战。第二，研究的方式从原来的物理学的均衡论转向生物学的演化论，现在的主流经济学是仿照物理学的范式建构的。如果要研究人与人的互动，以及看到影响经济学发展的动态因素，就需要引入生物学的演化论观点去研究。第三，采取实证和实验的方式去做研究，以往的经济学更注重理论的推演及数学的运算。而未来的经济学（包括现在的行为经济学家）越来越注重对实验和实证的研究，把生活中种种案例放在经济学的框架下进行研究，得到更加符合事实的结论。

总结一下，经济学从根本上来说是研究动机的学科，人如何通过一系列理性或者非理性的行为满足个人的需求。虽然经济学家创造了理性人假设对市场的机制进行研究，但是通过对人类行为的深入洞察，我们发现人是有限理性的，所以在决策的时候需要采取更加灵活的策略。最后我们介绍了经济学研究的一些趋势，让我们理解到这门学科未来发展的方向，以及对我们生活的真实意义。

❖ 不平的世界

资产阶级在它不到一百年的阶级统治中所创造的生产力，比过去一切时代创造的全部生产力还要多，还要大。

——卡尔·马克思

观察现代社会发展的历史，我们发现一个重要的变化，就是人类的合作倾向慢慢超越了竞争的行为，其具体表现之一就是之前提到的暴力和战争行为的减少。随之而来的就是商业的大发展和经济的繁荣，而众多经济现象中最值得关注的就是全球化的趋势及近几年的退潮现象。其中最重要的现象就是全球化的发展。在很多中国人看来，全球化的概念在中国加入 WTO 以后才流行的。实际上，全球化在 15 世纪末开始的航海大发现时就已经开始了，不过近年以来出现了全球化的退潮现象，很多人包括西方的主流民意都开始出现反对全球化的声音。那么，我们来看看全球化到底是怎么开始的，以及为什么出现了退潮。这反映了人们怎么看待世界经济的发展，以及不同国家的不同族群的差异化的利益诉求。

首先，我们看看全球化的起源。斯坦福大学的迈克尔·斯宾塞教授对全球化起源总结为以下三个原因：第一，工业革命以来，资本、商品、服务和劳动力在全球自由流动的本能需求。全球化表面上看来是互动贸易的商品平等地流动，实际情况是由于政府的干预（通过关税等手段），贸易虽然在进行，但是造成了巨大的贸易顺差（逆差）。第二，技术和数据（信息）本能的传播，正如凯文凯利所说，技术本身的特性是生长和传播。而且由于以华尔街为代表的金融机构的推波助澜，技术全球化成为一个非常大的趋势。第三，人员自由流动的需求，由于人们向往去观察世界上不同的文化和体验不同的生活，全球化在认知上是有普遍认同感的。以上三个因素决定着全球化在推广的时候具有先天的合理性。全球化最成功案例之一是19世纪末的英国，亚当·斯密的理论为当时英国的全球化提供了思想基础，英国也通过工业革命推动了全球化。英国的成功是如此之大，以至于它在推广全球化的时候，能够通过单方面免关税的方式去打开全球市场的大门，这让全球化成为资本主义国家发展经济的必经之路。

其次，我们分析全球化发展的现状和内在逻辑。目前的全球化情况有两个特点，一个是没有表面上看起来那么的彻底和顺利，存在着先天性缺陷。另一个是在某些方面呈现出速度太快的情况，以至于出现了很多风险。实际上，在第一次世界大战之前，全球化的程度并不比现在低，当时的欧洲实现了人口、资本、信息的彻底流通，人们开始大规模的国际移民。而现在的全球化更多的是信息和资本的全球化，人口本身的全球化却停滞下来。全球化的速度太快，使得不同国家在全球化过快发展下出现了赢家和输家差距越来越大的情况，变革的方向和速度不匹配，使得全球化出现超速的情况。

从历史上看，每一次经济全球化太快，就会出现全球化退却的浪潮。例如，两次世界大战之后出现的经济管制和资本管制，无论是国际贸易还是资本流动，都会在过快的全球化出现问题后，出现刹车或者倒退的情况。全球化不仅带来了技术和资本的流动，而且带来了收入的不平等。一部分受到高等教育的精英在全球化的过程中收获了更多的利益，而底层的民众则感受到生活越来越不如意及财富和资源的不平等在扩大。值得注意的是，由于技术进步和全球化几乎是同步发生的，技术进步也对这种差距形成有着巨大的推动作用，因为技术进步会导致低端工作的消失及工作门槛的提升。这样的结果就导致了全球化出现退潮的趋势，大环境的变化、媒体舆论的转变，以及底层民众为代表的阶层对全球化的抱怨，传达出世界反全球化情绪的高涨。

最后，探讨一下未来全球化的发展趋势。在这里，我们需要引用著名的政治学家罗尔斯的《正义论》中的观点。罗尔斯在《正义论》中提出了关于正义的两条原则：第一条是所谓平等的自由原则，即每个人都应该在社会中享有平等的自由权利。第二条原则包括差别原则与机会平等原则。前者要求在进行分配的时候，如果不得不产生某种不平等的话，这种不平等应该有利于境遇最差的人们的最大利益，利益分配应该向处于不利地位的人们倾斜。后者要求将机会平等的原则应用于社会经济的不平等，使具有同等能力、技术与动机的人们享有平等的获得职位的机会。我们需要照顾最弱势的群体，不让这个社会沦为毫无底线的社会，这种社会沦为被大多数人所仇视的社会。机会平等原则保障了社会的流通性，如果一个社会阶层产生了板结的现象，社会阶层之间的流动性下降了，则很容易导致不同阶层之间的对立、整个社会的公平和正义的沦丧。

在人类发展历史中，这类教训是有过的，例如20世纪前半期发生的社会危机。过度自由化的市场经济使得商业利益逐渐控制了社会，而很多人在这个过程当中连最基本的社会安全和公共服务都无法享受，以至于当时的欧洲兴起了反全球主义运动。按照美国伊利诺伊州立大学教授弗雷德·B. 斯蒂格所提到的，我们可以看到现在反全球化主要是两股思潮：一股是所谓特定论保护主义立场，即谴责全球化给本地的经济和政治文化带来了麻烦，尤其是破坏了传统的社会模式和文化信仰等。一股是普世论保护主义，即关注环境保护、公平贸易和国际劳工等问题的群体。他们认为全球化是精英所推行的政策，导致了全球更大的不平等、高失业率及社会福利的消失。因此，能不能针对这两股思潮的需求对现行全球化的方案进行温和的改良，是目前支持全球化的精英们最主要面临的问题。

总结一下，全球化的起源其实来自人类本性在追求自由方面的欲望，而反全球化则是因为少数的精英享受了全球化带来的福利而大多数底层民众则感受到了威胁和对传统生活的破坏。能不能在秉持自由主义的精神前提下，为解决全球化带来的不平等，以及对传统文化的破坏等问题，决定了未来全球化发展的趋势。

第八章　人性之路：认识人类自己

智能与思维

❖ 智能的探索

如果仔细分析人类描述这个世界的语言，可以看出人类的逻辑极其荒诞，原因是我们认知里面的“直觉物理”和真实世界的“现实物理”存在巨大的区别。

——斯蒂芬·平克

由于在第一部分已经讨论了意识和心智的概念，本章只讨论与智能相关的话题。一方面，在揭示了部分有关意识本质的话题以后，关于智能我们应该有更深刻的认识。著名爵士乐大师路易斯·阿姆斯特朗在回答什么是爵士乐的时候说：“如果你不得不问，你永远不知道。”这大概就是身在局外人的无奈和难以避免的谬误。好在我们可以在前人大师的研究中得以管中窥豹，知道智能领域研究的最新成果，从而在理性上认知到真实智能概念的复杂，以及其对教育与社会的决定性影响。

大多数时候，人类对智能的理解包含两个层面，一个层面是有关能力倾向的，另一个层面是有关理性思维的。前者很容易理解，就是是否具备一种能力可以处理某些具体事务，这类能力通常通过智力测验的方式来检测。后者是理性和不可测的层面，这个层面的智能是在复杂世界中根据某种不确定的决策，也意味着在未知的世界里通过自主学习去学得规则并达到目标。生物（不仅限于人类）运用理性的规则，根据需要克服的障碍，采取不同的方式达到目的。计算机科学家们在定义这个层面的能力的时候，所阐述的说法是，用信念来追求欲望，并通过理性的方式达成。这也是为什么随着深度学习技术的发展，人类对人工智能的威胁大大增加。然而，这两个层面的智能并非全部的答案。

首先，我们看看有关人类的“多元智能理论”。这个理论来自多元智能理论之父、哈佛大学教育学家、心理学大师加德纳的经典名著《多元智能新视野》。在这个理论体系中，智能是一种计算能力，即处理信息的能力。在日常生活中，人们在利用智能的时候，都是通过直觉或者本能去完成的。例如，打开冰箱或者寻找钱包，多元智能理论就是按照生物在解决每一个问题时本能的技巧构建而成的。人类的智能不仅仅与本能有关系，而且与具体的文化背景和内涵有关系，即在解决问题之外，还需要考虑这种能力的不同的衍生。例如，同样作为语言，在一种文化中以声音的方式表达，另一种文化中以图案的方式表达（如象形文字和字母文字的发展差异）。

在多元智能理论中，加德纳把人类最初的智能分为七种，包括音乐智能、身体—动觉智能、逻辑—数学智能、语言智能、空间智能、人际智能，以及自我认知智能。对于成年人来说，不管是怎样的文化背景，都需要动用多种智能来解决问题，这也是为何人类是非常复杂并体现出非理性的层面。在这个理论体系下，我们可以从三个方面理解人类的智能：第一，没有两个人（即使是双胞胎）会拥有一模一样的智能，成长经历的细微差异就会改变一个人的智能基础，因此简单的智能测试并不能定义全部智能的内涵。第二，拥有某个方面很高的智能，并不意味着一个人的行为具有很高的智慧，因为智能的种类很多，出现某种程度的偏科也是理所当然，虽然社会的评价会有所差异。例如，现代人更在意逻辑智能（考试大多数都在考逻辑和语言能力），但是拥有人际智能和自我认知智能的人可能获得更大的成功。第三，人类正因为拥有多种不同的智能，才成为现在作为智慧最高的生物的人类。在关于智能的理论体系中，有三个方面的偏见，包括“西方主义者”“测试主义者”和“精英主义者”。西方主义者强调逻辑和推理，由于西方哲科体系的基础就是诞生于古希腊的逻辑思维方式，坚信逻辑能力是全部智能的人很多（包括目前所谓博雅教育中对西方逻辑学的过度偏好）。测试主义者相信人类可以测量出来的能力和考试才是有价值的能力，这个思潮影响了心理学、社会学及整个教育体系，很显然我们正在为这个偏见买单。而精英主义者认为所有问题都能解决的人才是智能的代表者，这一偏见忽视了历史在不同阶段面对问题不一样，所需智能也不会一样。如远古时代的人类需要的是运动智能和语言智能，而到了现代，则更重视逻辑能力，所谓精英的定义也是模糊的。正因为人类有不同的智能和智能组合，才使得人类智能有了独特的价值。

作为对比，我们来研究关于计算机的智能理论——“心智计算理论”。心智理论认为，设计完美的计算机也能完成与心智一样的工作，人工智能发展的基础就是基于此理论，即通过神经网络的技术模拟可以达到与人类心智同样的思考结果。而事实上，人类的心智远比这个复杂，认知科学家们认为“两极分化说”是比较合理的逻辑。在最高的认知层次，人们依赖理性思维去应用自己学习的规则，而在较低层次则应用神经网络和本能去应对相关行为。计算机能够模拟显性的规则，但是对潜在的意识和模式则无法模拟。哲学家吉尔伯特·莱勒将心智和物质的相互模拟的观点讥笑为“机器中的鬼魂法则”，而后来发展出的心智计算理论则找到了一个替代的方法，把模拟人类智能的目标转换为“执行像人类智能一样任务的计算机”。

最后总结一下，人类的智能和心智模式有着极大的关联，心智是由自然选择设计来解决我们在进化过程中形成的计算器官系统。也就是说，进化的过程和计算的逻辑是两个理解智能的关键要素，目前的人工智能更多的是建立计算的逻辑。而对于进化过程中的潜在的变化则毫无所知、无法模拟，对于智能探索我们还有很长的路要走。

❖ 思维的本质

不管在哪个领域，最大的风险就是黑天鹅事件，而且黑天鹅事件有一个特点，就是完全不可预测，唯一能预测的就是它一定会到来。

——纳西姆·尼古拉斯·塔勒布

当我们理解了心智以后，顺理成章的我们开始思考思想（或者思维）的本质。由于物质世界和精神世界之间存在显而易见的差异，人们从不认为思想是通过物质传承的，也不认为每一种物质都能思考。大多数具备现代常识的人认为，物质所体现的种种特性，如形态、数量、密度、运作方式和方向，都与思想看上去没什么关系。我们所处的世界，就好像 19 世纪之前的生物学，完全无法解释生命和生物如何产生，植物和动物看上去完全不一样，可是都体现出不同的生命特质。直到詹姆斯·沃森和弗朗西斯·克里克发现每个单独的细胞是如何把自己的遗传密码复制下去，从那以后的生物世界就再不具备神秘主义气息。

从时间的维度看，我们首先从三个不同的时间维度来解释思维的理论框架：第一个是缓慢的时间维度，能够通过这个理论来描述人类大脑发展所经历的数百万年进化，这部分之所以缓慢是由人类自身进化的缓慢所决定的；第二个比较快，描述我们从婴幼儿时期飞速成长的时间，即个体从婴幼儿成长为成人直到死亡的过程。第三个介于二者之间，我们通过不同的时间维度，可以看到思维和大脑之间的关系，也能理解不同学术流派对人类思维的理解方式。然后，我们来看看其他维度理解人类心智的学术理论。下面介绍一下马文·明斯基在《心智社会》一书中所介绍的思维理论。

马文·明斯基在他的理论体系中假定任何大脑、机器或者其他具有思维的事物都是由更小的、不能思考的事物构成的。他认为虽然许多心理学家想用一种简洁的方式描述思维，让心理学成为一个类似物理学那样简洁的框架就能解释宇宙的本质。思维并不依赖几个简单的原理，任何一个关于思维的简单理论都有所偏颇。在接近 100 年的心理学发展中，人们逐渐发现了一个重要的假设，就是可以通过简化研究的对象来验证思维和大脑的运行机制。著名心理学家让·皮亚杰最先意识到观察儿童可能是理解心智社会如何发展的方法的人之一，他通过鸡蛋和鸡蛋杯的实验，论证了每个正常的儿童最终会获得成人的数量观。即对于同一事物，虽然年龄稍大的儿童对这类事物知道得更多，能够做更为复杂的推理。但是有大量证据表明，年幼的儿童也拥有了足够的能力做这些推理。只不过他们不知道什么时候去应用这些理念，也就是通过学习过程学习的不只是技能，而是学习如何使用与生俱来的判断力。

后来有一个著名的心理学家派伯特对实验进行解释，认为这个实验之所以重要，是因为其不仅仅强调推理的部分，还强调其是如何组织的。仅仅通过积累知识，思维不会有太大发展，还需要更好的方法来使用已经拥有的知识，这就是派伯特法则。上述理论和发现告知我们两个观点：一个是人们先天的具备某些能力，这些能力并不因年龄有任何差异。一个是先天的能力必须进行后天的训练才能知道如何应用。而思维的基础就是复杂的大脑所构成的先天能力，思维的本质就是积木式的“思维智能体”通过复杂方式组织起来以后进行互动、学习和继承的结果。

最后，提及一下关于思维能力的构建。由于不同的思维能力和思维方式决定了个体在思考问题的格局不同，因此建立起合理的思维方式，以及训练自己的思维很重要。一方面推荐大家去看一些相关的书籍，例如《六顶思考帽》这类给自己的思考设定思维框架和路径的书籍。这类工具类书籍主要是通过用多个维度丰富看待问题的方式，来提升个人决策和思考的能力。还有一个建议就是学习其他领域的知识来锻炼自己的思维，例如，理工科的学生可以学习艺术、人类学或者社会学来拓展自己的知识边界和认知框架。

总结一下，拥有了智能和意识的我们在拥有了语言工具以后，一方面拥有了获取更多知识的路径，人类的集体智慧可以得到提高。另一方面我们需要通过学习和拓展自己的知识体系来完善我们的思维路径，最大限度地避免语言带来的文化遮蔽性的影响，拓展我们看待世界的方式。

❖ 最强的大脑

人类的优势在于我们是唯一研究自己和其他事物，并且在研究的过程中产生知识，完好无损地传播开来的物种，我们能改变自己从而改变自然选择的规律，我们创造描述知识的方法，让后人学习知识时不需要再直接的演示——这让我们变得特别。

——苏珊娜·埃尔库拉诺·乌泽尔

在漫长的生物竞争过程当中，人类获得了决定性的优势胜利，成为万物的主宰。在先天性的身体不占优势的情况下，获得绝对优势的食物链地位的生理原因只有一个——就是我们的大脑。虽然在演化历史上，人脑的进化时间是短暂又突然的，但正是这一变化让我们把近亲类人猿远远甩在身后，成为了超越其他物种的自然界主宰。

首先，我们讨论一下人类的大脑和其他生物大脑在进化过程中形成的与其他物种的差异，以及为什么人类大脑具备了那么大的优势。每种动物在大脑进化过程中都遵循了一定的规则，这种规则规定了神经元数量和大脑体积之间的关系，进化程度高的生物在相同体积的情况下能够拥有更多的神经元。以老鼠和人类来对比，人类拥有 1000 亿个神经元，如果我们按老鼠的神经元缩放规则，我们的大脑就应该超过 60 斤，对应体重为 80 吨。而人类的大脑之所以比其他物种更加高级，是因为人类严格遵循了灵长类动物的神经元规则，在更小的大脑皮层和小脑里塞进了更多的神经元，在智力水平上把其他物种超越了。相对于同等体系的非灵长类动物，人类的脑子比这类动物大了 7 倍，人脑每天消耗的能量占据人体每天耗能的 25%。相比来说，大猩猩脑子的体积只有人类的 1/3，大象的脑子虽然是人类全脑重量的 3 倍，但是大脑皮层神经元的数量只有人类的 1/3。这一系列数据说明，人类大脑的重量并不是最大的，但是其大脑皮层的神经元数量让人类在进化过程中具备了明显的优势。

美国精神学家哈里·杰利森在 1973 年的著作《大脑和智力的进化》中提出了一种“脑商”的概念用来比较动物的相对脑量。脑商是根据每个物种的脑子的大小与相同体重的普通哺乳动物脑量作比较。根据定义，一个普通哺乳动物拥有 1.0 的 脑商，如果一种动物的相对脑量小于这一平均数，那么它的脑商就小于 1.0。如果相对脑商大于这一平均数，那么其脑商就大于 1.0。我们人类的脑商可达 8.0，比其他动物的脑商明显大许多。即现代人类的脑商比相同体重的典型哺乳类动物大许多，而排名第二名的灵长类物种的脑商仅为 2，这就看出了人脑在智商层面的优势。还有两方面的优势不得不说，一个是人脑中的星形胶质细胞（某种对神经元间传递信息具有重要作用的胶质细胞）比其他灵长类要大得多；一个是组成人脑的特殊基因（人类特有基因）的数量在不断增长，这些基因控制着大脑的大小、脑神经的突触、人类语言的能力等。马太效应告诉我们，这样的特质让我们几乎可以确定性的一直占据生物进化阶梯的最高层。

最后，在描述了那么多人类大脑为何伟大以后，我们讨论一下如今把数字计算看成人类思维和大脑模型的计算学家和认知学家们在误导什么？他们认为可以依赖计算机技术的不断发展拥有真正的和人类一样高级的大脑。它们把大脑比作硬件，把思维比作软件，大脑被比作大规模运行的超级电子计算机，神经元和网页是一回事儿，而超链接则和神经突触扮演一样的角色，基于这样的理论还发展出来一门学科“计算隐喻学”。

这门学科试图承担起解释大脑和神经系统的工作，并通过计算和编码完成计算机的智能化的过程，这也是部分未来学家预测超级人工智能出现的理论基础。然而，从理性的角度看，我们认为这样的计算机永远不会出现，我们综合分析大概有三个原因：第一，计算机思维和大脑思维在与客观世界的关系上有着本质的差异，每个人的大脑思维是独一无二的，而计算机思维则基于云和共享才拥有优势（具体可以参考云计算、大数据等技术对人工智能发展的积极影响）。人类的思维是不能单独存在的，虽然思考的结果可能和计算机差不多，但是人类思维是通过模糊不确定性的思考得到的，而计算机的逻辑是确定的。第二，计算机是以逻辑的方式运作为主，而人类能够行动和感知，拥有复杂的情感，这个方面的论证很多，就不具体举例了。第三，计算机的思考是通过算法进行不断循环和重复得到更好的效果，而人类的大脑则完全不一样。即使是对同一件事情的思考，也是通过模糊不确定的主观感受和客观环境的互动得到的，没办法完全预测某个个体对一件事情的全部判断结果和逻辑。

过去几十年的脑科学发展让我们可以应用部分的计算隐喻学的方法去帮助计算机提升效率和提升智能，但是强行的把人类的大脑和计算机等同则显得不切实际。正如仿生学的发展帮助人类发现如何进行飞行，但是并不会把飞机和飞鸟等同起来。人类拥有其他生物不可比拟的优势，例如，计算机相对人脑来说计算速度看似很快，实际上人脑比现在普通计算机快得多，大脑中同时可以处理的事物远高于普通计算机。正因为如此，人脑能够去处理突发状况和新的问题，这也是作为个体最需要培养的能力和素养。

孤独的心智

❖ 潜意识奴隶

我们的潜意识是充满活力的、有目的性的、独立的，或许它看不见摸不着，但是它的作用却不可小觑，因为它塑造了我们的思维感受，以及回应整个世界的方式。

——列纳德·蒙洛迪诺

在讨论了人类大脑的复杂及其在我们进化路径上的作用以后，我们需要关注一个问题，就是我们需要意识到大脑是有缺陷的、不完美的。大脑是在进化过程中不断演化的，所以它会产生很多认知的缺陷，因为其保留了很多进化的痕迹。在很多时候，我们的行为受到潜意识的影响而不是凭借我们的自由意志，正因为潜意识的存在使得人并不是自由的，也是我们很难控制的。我们需要通过学习潜意识来理解自我，从而更深入地理解人性的复杂。

首先，我们梳理一下漫长的进化过程中，人类在思维方式上形成的认知局限。弗朗西斯·培根的名著《新工具》中，曾经深度分析了四类基本的科学错误，“围困人们心灵的假象共有四类， 我为区分明晰，各给其定名：第一类叫族类的假象，第二类叫洞穴的假象，第三类叫市场的假象，第四类叫剧场的假象”。如何理解这段话呢？培根告诉我们人类在思考认知世界时的四类错误，第一，培根认为我们每个人都是进化的牺牲品，基因先天性地限制了我们认知的便捷。第二，我们的文化给我们先天性提供了一种外生性的框架，并最终决定了我们在决策时的思维方式。第三，我们会被语言所误导，我们没办法把全部的思想转化为言语表达。第四，我们被理论引导，甚至被它控制，这种影响可能以内隐或者外显方式或多或少地影响关系我们的决策。

这一系列限制我们在思考和生活中一定会遇见，那么这是为什么呢？一言以蔽之，就是进化的结果导向让我们更注重速度而不是质量。由于人类需要求存，所以速度对于生存需求来说就是一种优势，就好像小说《三体》中所说，所有文明的第一需求是求存。因此，为了物种的生存竞争优势，我们在进化过程中，更注重行动的速度和效率，而在思维方式中我们也倾向于建立一种简单清晰、易于理解和交流的思维框架，而不是建立一种复杂深度的思考框架，这就是我们在进化过程中基因选择的结果。

其次，我们需要理解一个概念——“流畅度效应”，即作为人类，我们总是倾向于详细有意识行为的力量和目的性。我们不仅会给自己的行为赋予特殊的意义，甚至给动物世界的行为也赋予意义，人的行为是被人类自身无法察觉的精神思考过程所主宰的。 著名心理学大师弗洛伊德关于记忆最著名的理念是：痛苦或是充满威胁的记忆会被某种心理保护机制阻挡在我们的意识之外，但是这会让我们行为失去理性，并且经常都是以一种自我毁灭的方式表现出来。同时，他也相信，所有事情的真相都被我们的潜意识记录在案，在丢失或扭曲之后，都仍然完整地存在于我们大脑中——梦境及口误就足以证明它们的存在。

具体到我们每个人的生活中，潜意识的影响有三个层面：第一，人们对事件的大致情形具有良好的记忆，但是关于事件发生的细节却只有糟糕的记忆。第二，当人们被迫去回忆那些不记得的细节时，哪怕意图是无比真诚的，或者多么努力地去回忆准确的细节，往往都会在不经意间通过捏造事实来填补缺失的细节。第三，人们总是会相信他们自己捏造出的记忆，而不是相信真实的生活中所发生的事情。即使我们已经到了地球生物的顶端，但是我们仍然摆脱不了这个事实，即我们生活在自己构建的意义的通道中而不只是真实的世界。我们选择了自己想要相信的事实，同样也选择我们的朋友、爱人、配偶。不仅仅是因为我们感知他们的方式，也是因为他们看待我们的方式。就像是不同的物理现象一样，在生活中，事件的发生往往都服从某个或是另一个理论，于是真正发生了什么从很大程度上取决于我们选择去相信哪一个理论。

最后，我们提及一下斯蒂芬·平克教授的著作《白板》，这本书通过对人类心智起源的科学论证，明确提出人类的思想和行为并非全部由后天因素决定，而是很大程度上由先天因素决定的。所谓“白板”的概念，就是英国哲学家约翰·洛克在《人类理解论》中说到“人类的心灵如同通常所说的那样，是一张没有任何印迹的白纸，不存在任何思想”，也是认为人类是一块白板，所有的能力都来自于后天经验。而斯蒂芬·平克认为“白板论”不符合现实并从四个不同的学科去论证了这个观点：第一，心理学和认知科学告诉我们，人类的心理感受可以通过一套科学的标准去衡量和认知。第二，认知神经科学告诉我们，大脑的构造对认知起着决定性的作用，外部因素影响很小。第三，行为遗传学解释了基因对行为的重大影响，后天因素的决定论受到了极大的挑战。第四，进化心理学认为，是进化过程决定了我们对世界的看法，人类的内心世界随着人类的进化不断地变化。

总结一下，我们需要意识到人性不是一张白板，而是受到很多先天性因素的影响，例如，大脑、基因和进化等。从某个角度来说，人类是潜意识的奴隶而不是自由意志的动物，所以我们需要认识到这些认知的局限性。不过我们并不需要因为这样就完全怀疑自由意志的存在，因为自由意志和人性中的动物本能是无法否认的，而我们需要理解这种存在于人类自身的矛盾性，从而能够体察自我的缺陷，做出更有利于自身的决策。

❖ 认知的局限

我们的问题不仅在于我们不知道未来，还在于我们不知道过去。读历史只能让我们陶醉地一味了解过去，满足了自己讲故事的愿望。而我们得到的，大多都是知识的假象。

——纳西姆·尼古拉斯·塔勒布

在讨论了人类的天性以后，知道了我们受到很多先天性因素的影响，而这些影响决定了我们的认知的局限性，本节就来讨论认知局限的相关话题。首先，我们具体来讨论一下，究竟什么是认知局限。然后，讨论这些先天性的认知局限对我们认识世界的方式有什么影响。我们需要认识到过度的依赖直觉和大脑而不是理性的思辨，会让我们处于虚幻的错觉中而不是真实的世界。

首先，我们讨论认知不协调理论。什么是认知不协调理论呢？所谓认知不协调理论是著名心理学家费斯汀格在 1957 年的《认知失调论》一书中提出的。这个理论的基本要义为，当个体面对新情境，必须表示自身的态度时，个体在心理上将出现新认知（新的理解）与旧认知（旧的信念）相互冲突的状况。为了消除此种因为不一致而带来的紧张的不适感，个体在心理上倾向于采用两种方式进行自我调适：第一种方式是对于新认知予以否认；第二种方式是寻求更多新认知的信息，提升新认知的可信度，借以彻底取代旧认知，从而获得心理平衡。

简单地说，就是知行不合一，有时候表现为要求别人做到的自己做不到，而且以为自己做到了。有时候表现为大脑认同了某个事实，实际上却做不好。认知不协调的后果很严重，当感受不协调的时候，个体心理会比较痛苦，个体则试图减少不协调，达到认知和谐，以减少心理上的不舒适体验。当不协调存在时，除了努力减少失调外，个体还积极地避开可能导致增加失调的情景和信息。例如，如果抽烟导致认知失调，个体减少失调的方式是停止抽烟，或改变对抽烟消极后果的认识。这就是我们在提升认知行为时候的难度和门槛，也是我们需要彻底建立新的认知的原因。因为认知不协调让我们需要改变认知，改变行为，从而适应外部环境。

其次，我们讨论每个人的大脑对认知方式的影响，著名心理学家丹尼尔·卡尼曼的畅销书《思考，快与慢》对这个问题进行了深入探讨。我们这里只介绍其核心逻辑，他认为我们人类思考的方式有快思考和慢思考两种，我们习惯于快思考而非慢思考。由于我们对自己认为熟知的事物确信不疑，我们无法了解自己的无知程度，无法确切了解自己所生活的这个世界的不确定性。我们总是高估自己对世界的了解，却低估了事件中存在的偶然性。当我们回顾以往时，由于心理上的逻辑自洽需求，对有些事会产生虚幻的确定感，因此我们变得过于自信。

其实，我们面对真正重要决策的时候，并不像我们想象的那么理性和有逻辑。《思考的快与慢》中还提出，个体的决策价值由体验价值和决策价值所构成。人们更倾向于在快速思考当中考虑体验的价值，而在慢速思考的时候提升决策价值。还有一个方面值得注意，就是大脑会使得我们产生参照依赖效应，也就是我们多数人对于得失的判断并不取决于对象的绝对价值，而是取决于心理上设定的参照点。也就是说，我们在涉及具体的选择的时候，往往会寻找参照点去评价得失。

最后，我们来探讨这样的思维方式对我们认知外部世界的作用，这里我们提及纳西姆·尼古拉斯·塔勒布的《黑天鹅》和米歇尔·渥克的《灰犀牛》两本书。前者提出的理论就是世界是由极端的、不确定的小概率事件所主导的，一个极端的事件会极大程度改变这个世界。没有人能提前预测这些事件的发生，这类小概率而影响很大的事件就是黑天鹅事件。而《灰犀牛》一书则创造了一个对应“黑天鹅”的概念，指的是“影响巨大、明显的、高频率的事件”。就好像人们在非洲旅行时，明知道犀牛很危险但是仍然会去寻找它拍照，当犀牛被激怒以后才意识到危险，然而，却束手无策。这类事件发生的原因就是人们不愿意正视它，在潜意识的作用下去忽视它们直到大祸临头。无论是黑天鹅事件还是灰犀牛事件，它们的存在都让我们意识到认知的局限，需要提升自己认知的能力和思考的方式。

理解了我们在心理层面和大脑层面所受到的限制以后，我们就可以理解认知升级的重要性了。这个世界最大的风险和有魅力的地方就是它的复杂性，而我们作为现代人最重要的能力之一是不断地通过认知升级来应对复杂世界的变化。另外，我们需要防止自我的认知降级，正如吴伯凡所说，人在拥有一定的权力之后，解决问题的路径和方法就会越来越单一。很多能力就会受到内源性抑制，从而导致某些功能和思考能力的弱化，这也是我们需要极力避免的。不断地攀升认知升级的阶梯，以及避免认知降级的坑，就是我们在自我修行时需要持续关注的事情。

❖ 情商与人格

人的好奇心并非偶然的产物，这是一种进化得来的属性，为了生存发展，我们必须尝试了解彼此以预测其他人的下一步举措，而要了解他人，我们就必须依靠一项特殊的能力——分析推演人格属性的能力。这是一项宝贵的天赋，每天我们都在不断学习以磨炼这项技艺。

——约翰·梅尔

在逐步认识到理性认知的重要性和方法以后，我们来讨论一下情商和人格两个概念。我们知道，情商对一个人的社会关系和人际交往的能力非常重要，而一个人的人格特质则决定了他在思考和他人相处时的情商特质。所以，我们接下来就来讨论如何成为一个高情商的人，以及如何理解每个人的人格对生活的影响。对人类来说，由于未来人工智能发展，可以替代越来越多的人类的工作，面对人工智能，我们的优势可能就在软性的情绪性的劳动，而是否能适应这个趋势，也和情商及个体人格有很大的关系。

首先，我们讨论情商的概念，情商主要指的就是对情绪控制的能力，而不是很多人认为的表达情感的能力。更准确地说，情商指的是对别人情绪的探查和自我情绪的把控能力。每个人天生有情感的表达，但是情商则需要后天的训练来提升。所谓提升情商，实际上就是提升自己、识别自己和他人情绪的能力。对于高情商的人来说，一方面，能够很快体会到自己当下的情绪并且对此作出冷静的分析和处理。另一方面，他们也能认识到大脑的缺陷和错误的可能，会防止非常直观武断地去判断情绪的走向。

我们再进一步讨论这个能力对个体未来发展的影响。跟机器相比，人类很多劳动都会被替代，尤其是计算、体力劳动等所谓现在的硬实力。而软性技能，例如，情感连接、社交技能等，都是人类相对机器更加有优势的领域，因为人类在进化过程中获得的社交能力和情绪感知能力都不是机器短时间内能获取或者学习的。著名的社会学家霍赫希尔德定义这类控制情绪和需要社交的工作，叫做“情绪劳动”。这类劳动会越来越重要，越来越多的工作也需要有情绪、有劳动能力的人。例如，医生未来最主要的能力不完全是医疗诊断技能的能力（这个能力机器很有可能超越医生），而是如何与患者交流沟通的能力，这就是情商训练对我们最重要的方面。

其次，我们具体从理论高度认识和解决非理性信念带来的情绪问题，这里需要介绍下 20 世纪美国著名心理学家，“理性情绪行为疗法”之父阿尔伯特•埃利斯的理性情绪行为疗法。他认为所有因为情绪所引起的困扰都是不必要的，也是可控的。我们的负面情绪大部分时候是因为我们的信念而不是外部的环境影响的。用一个数学公式来说，就是 A×B=C，A 代表事件或者困境，B 代表信念，C 代表你的情绪。当 B 是一个非理性信念的时候，我们就会产生不健康情绪，这时候我们可以通过质疑来与之辩论，认清非理性信念的不合理之处，重构一个理性的信念来看待问题。

这个理论让我们了解了两个观点，第一是要区分情感和情绪，情感上的痛苦是很正常的，如果过度沉溺于这种痛苦就会造成情绪问题。第二是情绪问题通常是由我们自己制造的而不是外部环境影响的。最重要的是，我们需要理解无论是自身的缺陷还是外界的不尽如人意，这都是人与世界的天性，是我们无法改变的存在，但是我们可以通过情绪管理提升我们对世界的评价。

最后，我们了解一下人格及人格智商的概念。首先要理解人格的概念，即人格特质。所谓人格特质，就是一个人独有的气质，独特的人格特点，也是一个人区别于其他人在性格上的特征。例如，一个是倾向于乐观或者悲观地看待问题，另一个是倾向于更加真诚和积极地面对困难。学者们把人格特质分为内控型和外控型人格特质，前者的主要特点是认为所有出现的事情，是个人能力和处事方法所塑造的，每个人在面对困难的时候都需要发挥个人能动性。而后者则认为，事情的失控和困难是由于外部环境塑造的，倾向于外部帮助和找到理由。这个分类并没有明确的好坏的差异，但是会对个人选择的效果产生影响。例如，内控性人格特质的人，在应对挑战性工作时更加合适，积极的人格特质会更好地处理外部困难，复杂的工作对他们来说更有吸引力。而外控性特质的人则在相对稳定的工作环境中更容易发挥能力，他们需要明确清晰的指导和工作流程来帮助他们去处理外部的事物。

接下来我们讨论一个概念，就是“人格智商”。人格智商就是帮助每个人读懂他人、了解自己和理解自己需求的能力，人格智商能够帮助我们察言观色，准确权衡与人际关系、工作和家庭等相关的人生选择。人格智商高的人形成准确自我评价的能力更高，他们能够发现自己的不足，并且能够在一定程度上接受这些不足。他们也意识到其他人和自己一样也有不同的缺点，这有利于他们做出更好的个人选择。而人格智商低下的人认知自己的能力就比较弱，对于同自己相关的各种认识本身就比较肤浅，因此，其思维和认识更容易出现偏差，这就是人格智商高低不同的人最大的差异。

在理解了情商和人格的概念以后，我们知道的就是理解自己和理解他人情绪、偏好的能力是非常重要的。认识自己的情绪，可以帮我学会自我控制及做出更好的选择。理解他人的情绪，则可以帮助我们产生同理心，更好地与别人相处，这个能力的提升有赖于人格智商的培养。人格特质的不同使得我们在做不同选择的时候有不同的可能性，也使得我们认识到通过培养不同的人格特质，可以让我们更好地面对这个不确定的世界和不确定的自我带来的情绪上的困扰。

第九章　修行之路：重塑世界观

科学与世界观

❖ 科学的革命

科学最重要的目的之一就是试图解释我们周围世界中所发生的一切，有时候我们会出于实际的目的寻求解释。而在其他情况下，我们寻求科学仅仅是出于猎奇心理——我们想对这个世界了解更多。在历史上，对科学解释的追求是由这两个目标共同推进的。

——萨米尔·奥卡沙

科学可能是当今世界我们最推崇的词汇之一，它代表了一种系统理解世界并做出预测的方式。同时，对我们大多数人的知识边界进行评估和分类，而且科学本身也是一种验证和理解世界的有效理论，所以，有的学者认为我们这个时代是“拜科学教”大行其道的时代。但是，实际情况并非完全如此，我们需要看一下科学对人类文明的进步究竟意味着什么，以及科学革命对我们理解世界的影响。

首先，我们需要理解科学与真理的区别，就是科学并非真理。事实上，科学只是创造和验证思想模型的一种方式。开普勒建立自己的理论体系去解释行星运动，牛顿运动定律则用于预测物体之间的力的关系，爱因斯坦则用广义相对论理解时间和空间。不同的模型建立于不同的假设中间，而科学家则用事实去检测这些模型的有效性，建立假设和模型并不意味着科学家认为自己找到了真理，而是创造了一个可以不断探索和改进理解真实世界的框架。更进一步说，科学的理论前提就是证伪，即科学理论建立以后就意味着它终有一天会被推翻。优秀的科学家们认为自己处在无限逼近真理的漫长过程当中，而自己所建立的理论模型只是通向真理的一个部分。科学家的工作就是通过建立模型去理解世界，逐渐靠近那个永远无法达到的真理。这个理念会让我们建立一个基本认知，就是所有的科学理论无论当时看上去多么正确和伟大，终究也会被证伪，这一点已经无数次被历史证明。这个世界并不完美，真理也并不存在，科学真正的价值不是宣扬所谓的真理，而是让人类保持观世界地好奇心和未来的乐观主义，并拥有对人类自身的坚定信心与对科学的信仰。

其次，我们从历史角度理解科学革命，虽然第一次科学革命是在英国发生的，但是正如约翰·霍普金斯大学科学技术史系和化学教授劳伦斯·普林西比在他的著作《科学革命》中所说，各种学科，如医学、工程、经济等现代产物在意大利就已经产生了。我们从书中了解了科学在中世纪和文艺复兴时期的背景，特别是在15世纪，欧洲社会发展了重大的变化，有四个事件从根本上重塑了人们所生活的世界：人文主义的兴起、活字印刷术的发明、地理大发现和基督教改革。

我们需要清楚的是，要理解科学的发展，就必须理解科学发展的基本背景和土壤。文艺复兴时期的人文主义对科学技术史有很强的促进作用，例如，毕达哥拉斯的引入使得数学得到了更广泛的应用。而印刷术的发明则创造了一个读写文化的新世界，使得科学插图得到了广泛应用，因此人们可以在书中得到更细致的画上解剖图、地图及数学图解等。航海大发现不仅使得物种发生了大交换，也使得人们开始对新世界涌入欧洲的新物种、新语言和新思想进行大量研究，传统的动植物分类学并不适用，导致博物学的极大发展，而欧洲与新大陆之间的安全通航需求则促进了技术的发展。最后，讨论一下基督教改革的作用，由于马丁·路德在维滕贝格大学城提出了著名的《九十五条论纲》，使得新教开始产生也促进了天主教的改革。1540年，天主教在教皇的授权下成立了耶稣会，耶稣会的成员开始致力于在教育和学术方面发挥作用，它坚持了亚里士多德方法的重要性，但是重新强调了数学和科学的作用。科学革命的新思想在耶稣会中开始讲授，并且随着传教士向全世界传教而传播给全世界其他国家。虽然我们通常会把科学和宗教隔离开来看，而实际上耶稣会所强调的“在万事万物中找到神”是促进科学发展到今天最重要的座右铭。

最后，我们分析下科学革命对现代世界观的影响。首先我们要理解什么是世界观，具体而言，它并不是一套各自独立、毫无观念的信念，而是一套完整理解世界的思想整体。从科学发展的过程中，我们可以看出科学在很长一段时间内都是在宗教和哲学的框架下进行的。新技术带来了对新事实的观察，新事实带来了对《圣经》和其他哲学信条的新解释，这些新的解释又促进了新理论的产生。这里我们提及托马斯·库恩的著作《科学革命的结构》，他在书中回顾了历史上科学思维方式的重大变化，他认为一个科学对人们思维的改变就是范式转移，而范式转移最大的阻力不是技术，而是当时人们的思维。我们观察到科学的发展尤其是科学革命的产生最重要的影响是对人们认知世界的方式和思维的影响，而不是具体技术对生产效率和生活方式的影响。

总结一下，科学并不是真理，但是科学通过眼前的事实可以创造接近真理的假设，我们看待科学的发展并不能独立于历史之外。科学革命发生的基础是当时多个重要历史事件的结合，尤其是人文主义兴起、航海大发现、活字印刷术发明和基督教改革，而科学革命对世界的影响最重要的不是技术，而是科学范式的转移影响了人们的世界观。

❖ 哲学的价值

哲学是人利用思想这一工具揭示存在——包括人周围的外部世界和他自己的内心世界——之谜的一种尝试，哲学的历史比我们已知的有文字记载的历史要悠久得多。

——汉斯·约阿西姆定·施度里希

在我们这个时代，大多数人听到哲学的反应都是敬而远之或者不屑一顾，尤其是与哲学专业和哲学工作内容相关的人经常会感到尴尬，以至于常常对自己的工作避而不谈。这个误解一方面是因为对大多数人来说，哲学在今天已经显得过于晦涩难懂及缺乏实用价值。另一方面来源于大师们已经远去，哲学则深入了我们生活和世界的每个领域，因此，显得难以觉察，尤其是当科学从哲学的“母胎”分出后，哲学便被束之高格了。不过，我还是想讨论一些哲学入门的基本问题，让更多人了解什么是哲学，以及它能帮助我们如何更好地理解世界，正因为我们存在于这个世界，不仅仅为了求存，我们拥有大脑，也不仅仅为了去享乐。

首先，在前文讨论了科学以后，我们先对比一下哲学和科学的差异。之前我们讨论了科学是一套接近真理的方法论和框架，绝对真理是不存在的。而哲学则和科学有明显差异，正是因为人们对哲学问题的探索，才产生了一整套科学思想和工具。换而言之，哲学是科学之母，西方大多数科学家在某种程度上都属于某种哲学思想的信徒，而科学是人类认识世界和改造世界的工具和手段。

为了更好地理解哲学，我们再看看宗教，宗教是对人类精神的终极关怀，是对外部世界和人类自身所有问题的洞察。事实上宗教的对象是超验和理想的，不可通过真正的接触来认识和把握，所以宗教是不可知的，只能让人信仰——而哲学居于科学和宗教之间。一方面，哲学需要科学中的理性思考和认知方法，需要对这个世界有无限的好奇心。另一方面，它跟宗教一样，关心世界的终极问题，向外部世界和人类本身发出终极发问。与科学相比，哲学定义了更大的问题范畴。与宗教相比，在理论和方法上拥有更切实际的逻辑。当然，它的缺点也很明显，既没有像宗教那样可以单纯诉诸信仰，门槛很低且信仰者众多，也没有像科学那样，具备确定性且可以实质上改变外部世界的现实力量。哲学探讨的问题都是没有答案和无法解决的问题，却要用理性的思维去探索这个过程。

其次，考虑到哲学知识无法解决任何具体的实用问题，那么我们需要理解为什么人类需要学习哲学这个看似无用的学问。这里，我们需要理解一个概念，就是哲学来自于人类对智慧的爱。在这里，我们需要理解什么是智慧，在《圣经·创世记》中伊甸园里亚当和夏娃为了追求智慧，受到了上帝的惩罚。人是因为拥有了智慧才拥有了痛苦的感受，也正因为如此，人类通过理性去追求无限的问题——即用短暂终有一死的人生去追求永生，即使是思想的永生也是有吸引力的。

所以，这就是人生来注定追求和热爱智慧，并在这个过程当中获取了人生的意义并实现了自己的价值。哲学还有一个更重要的作用，就是我们的人生有很多不如意的地方，有些可以改变，有些不可以改变。而哲学提供了一种视角，让我们坦然面对那些不可改变的不如意的地方，而且不是用心灵鸡汤的方式去灌溉。这里推荐英国学者阿兰·德波顿的著作《哲学的慰藉》，在这本书中，他通过介绍苏格拉底、伊壁鸠鲁、尼采和叔本华的哲学思想，在以下几个方面为不如意的人生提供慰藉：对与世界不合的慰藉、对缺少钱财的慰藉、对受挫折的慰藉、对缺陷的慰藉、对伤心的慰藉及困难中的慰藉。总结一下，哲学满足了人类追求智慧的天性，也为现世中的人们遇到困难时提供了各种有逻辑的慰藉。

最后，我们从学术上梳理一下哲学研究的对象并了解一下哲学的特点。从分类上看，形而上学研究宇宙整体问题（或超出人的感官经验之外的问题），本体论研究全部的存在问题，逻辑学研究关于正确的思维和真理的学说，伦理学是关于正确的行为的学说，认识论是关于认识及其界限的学说。哲学似乎研究了所有关于世界的知识的范畴，但是不同于其他单独学科的知识，哲学是研究某个特定对象的普遍规律的学科。虽然考虑的是某个特定对象的问题，但是目标是从个别中找到普遍规律，并在其中得到统一世界观的学问。哲学把思想作为自己的真正工具从而达到用理性理解世界的方式。相对比而言，宗教是通过唤起人们的信仰和感情来理解世界，艺术则是通过外在的形式用比喻和象征的方式帮助人们去感受世界，目标是唤起人的美感和崇高感。

总结一下，哲学是为人们提供了满足物质需求以外的精神需求的一种方式，这种需求不仅限于好奇心，而且也能为解决人生中的不如意提供理性的思考工具。哲学和其他学科最大的不同在于，它是通过研究特定的对象找到其中的普遍性，并通过思想工具来唤起理性的思考，从而让我们能够更好地理解世界，达到内心的平和，这就是哲学的意义和价值所在。

❖ 艺术的慰藉

如果要定义艺术的使命的话，那么其中之一就是教我们如何更好地去爱：爱上河流、爱上天空、爱上高速公路，以及爱上石头，并且更重要的是在生命旅途中爱上某人。艺术使我们对一些事物的感觉变得敏锐，每个人对爱的理解不同，希望大家能够通过了解艺术，真正学会更好去爱。

——艾伦·狄波顿

创造艺术，欣赏艺术，是我们人类的天性。艺术离我们很远，特别是大多数人无法欣赏现代艺术带来的美；艺术也离我们很近，因为即使最简单的物体造型也符合人们对美好的期望。带给我们这样的感觉是因为艺术的历史很长，也需要专业的知识，即使去美术馆或者音乐厅，想欣赏它们也需要高于一般人的修养，然而艺术并非阳春白雪，也并非少数精英分子的高档物品。我们需要在日常生活中关注艺术的价值，并关注艺术本质，理解了艺术的本质以后，我们才能理解，人们为什么需要艺术，以及艺术带给我们日常生活的慰藉。

首先讨论一个问题，什么是美？黑格尔在他的著作《美学》中对艺术的美有描述，“艺术的理想时代是具有独立自主性的英雄时代，因为在这个时代，理想本身就是同意，不仅是形式的外在的同意，而且是内容本身固有的同意，而且这种同意的独立自主性是我们可以从形象上直接可见的统一”。而我国著名美学家李泽厚则认为美感分为“悦耳悦目”、“悦心悦意”、“悦神悦志”三个层次，可以看出美是与时间有关的概念。

不同时代的人审美价值是不一样的，例如，对于人体对称的审美普遍存在于人类个体中，身体对称是健康的标志，而人类个体在择偶时对健康人类个体的准确选择有助于其将自身基因传播下去。另一个比较典型的例子是对于年轻女子的审美——人们倾向于认为皮肤光滑、体态均衡、五官端正的年轻女子是美丽的，这是因为这样的女子比较健康、有比较好的生育能力。后天环境对人类的审美品位也有一定影响，这里举两个比较典型的例子。盛唐时期，人对于女子丰腴体型的欣赏和中国古代很长一段时间内汉族人对于女性小脚的审美，在当今社会，这两种审美倾向几乎已经不存在，特别是后者，更是被绝大多数当代中国人视为畸形、有辱女性的。从总体来说，每个人都有审美的价值倾向，而这种美至少在当时来说是比较统一的。

其次，在讨论了美的概念以后，我们就可以界定艺术的必要性了，对生活在艺术创作时期的人们来说，艺术提供了一个欣赏和记录当时美好事物的途径，对后来的人来说，通过欣赏这些"美"的事物让人们能够和当时的人们产生共鸣和共识，从而产生更宏大的有关时间和空间的感受，这就是艺术最重要的魅力之一。艺术欣赏者在欣赏、解读艺术作品的过程中可能会联想到一些能够引起其共鸣的事物。例如，荷尔德林就曾引起海德格尔的共鸣，这使得海德格尔对荷尔德林的诗歌大为赞赏并对荷尔德林的诗歌进行了多次阐述。诚然，所谓共鸣有时候可能只是艺术欣赏者的自作多情，因为艺术欣赏者可能并未理解艺术创作者的真正意图，甚至可能是误读了艺术创作者的意图。这种误读基本上是难以避免的，因为艺术欣赏者永远不可能拥有与艺术创作者一样的大脑回路，因此必然不会产生与艺术创作者一样的思想。

而且，对于是否误读的正确判断也是不可能的，因为人类个体无法确认另一个看似拥有理解力的生物真正的意图。正如约翰·塞尔的中文屋的假象实验中人类不能确认通过图灵测试的计算机是否能够真正理解中文。诚然，人类不能对他人思想做出绝对正确的评判，却依然可以依据各种交流规则对他人做出是否理解某样事物的判断。例如，艺术创作者可将欣赏其艺术品的人的掌声视作对自己作品的理解与赞美。何况，误读并非坏事，正如后现代主义的文本观所普遍持有的观点那样，这种潜在的美丽的误会给作品的欣赏者提供了再创造的可能性，而作品在不断的误读与再解读中获得了新生。

最后，我们讨论一下艺术在美学作用之外的功能，艾伦·狄波顿《艺术的疗效》中提到了艺术的7种作用：①从复杂的事物中筛选最有意义的方面，帮我们保留对细节的回忆；②通过欣赏理想化的艺术，让我们对世界保留希望；③艺术能让我们大量接触那些已经消失的气质，恢复我们内心的平衡；④艺术教会我们更加有效地忍受痛苦，让我们知道与其通过坚持自尊弥补所受的侮辱，不如在艺术的感召之下理解和欣赏我们本质上的虚无，即通过更宏大的维度观察世界；⑤艺术帮助我们建立自我认知，并且将其传达给他人；⑥艺术让我们懂得欣赏远离自己经验和文化的领域，找到更大的共鸣，从而实现个人的成长；⑦ 艺术让我们得以重新校准我们所欣赏及喜爱之物，引领我们回到对事物价值的准确评估上。我们常说的“魅力”总是来自“别人的”，媒体总是向我们展示远远超过我们自身有机会亲身感受的魅力。艺术的魅力可以去掉那些虚假的光泽，以及并不存在的美好，艺术能唤醒我们去认识我们不得不过的这种生活的真正价值。这7种价值就是艺术带给我们的慰藉，也是从一个微观的个体角度去欣赏美好艺术时能带我们的最大的魅力。

总结一下，考察人类的历史，我们会发现宗教、艺术、哲学和个别科学相互交融，而并非一直对立的状态。艺术则拥有一种打动人的内心的力量，通过比喻和象征的方式让我们对世界有了直观的美好的体验，并帮助我们建立起一种不同于日常生活的关于世界的认知。简单来说，就是建立我们对美的概念和感受。如果一个人不了解艺术，也就没办法调动内心的情感去理解更深层次的世界，毕竟过于理性的世界太过单调，而我们生活的现实世界很多时候也过于乏味。

人生的基本功

❖ 人生的节奏

宇宙是相互联系的整体。低等的事物为高等的事物而存在，无生命的为有生命的而存在，有生命的为有理性的而存在，有理性的为彼此而存在。对整体有益的东西，必然对个人也有益。

——马克·奥勒留

在充分理解了外部世界以后，我们需要重新审视自己的生活。如何度过自己的人生可能是大多数人需要反思的问题。一方面，世界变化的如此之快，身处其中的我们需要找到应对变化世界的生活方式。另一方面，有一些决定趋势的因素是不变的，我们需要观察这些因素并掌握它。换而言之，我们处于快变量和慢变量的世界，需要分清这些变量并掌握它们，这样有利于我们更好地面对人生。

首先，看一下快速变化的世界对我们人生的影响。比尔·盖茨在2017年上半年的时候给了本届毕业生一些关于人生的建议，其中提到了世界的快速变化。比尔·盖茨认为人工智能、能源和生物科学三个领域是未来可以考虑的领域，其中最重要的建议是他关于大学生如何看待世界的观点。他说："当你告诉人们这个世界正在进步的时候，他们或许看着你，觉得你要么很天真要么就是疯了。但这是真的，一旦你明白了这个道理，你就会开始用不一样的眼光看待这个世界。如果你发现世界变得越来越好，那么你就会想知道是什么工作起了作用，继而你就可以加速改善这个世界，并把它传递给更多的人，传递到更多的地方。"

在这个时代，世界变化越来越快，这也是我们越来越焦虑的原因。创新的周期越来越短，学习和适应的时间越来越短少，这是我们不得不面对的未来。而比尔·盖茨的建议是选择一个好的未来方向并坚信未来越来越好是这个时代最重要的品质，活在当下和活在未来最重要。对一些无法把握的因素感到多余的困扰，这就是理解慢变量以后应该拥有的心态。换个角度说，我们需要考虑人生最重要的意义是什么，并不是做大多数人都去做、都去追求的事情，而是去做符合自己价值观的事情。如果想要过得更有价值，就要保证自己所做的事情给这个世界增加一点不确定性，增加一点可能性。

其次，我们需要关注我们在具体生活中的决策，人工智能时代的到来，让我们用机器的思想去决策和理解世界，尤其是提升日常生活效率的一系列决策。大多数人是依赖一瞬间的感觉去决策的，而有的人能够用思辨或者反复比较权衡去决定，这两种方式看起来都不错，但是多多少少都有运气的作用。著名数学家布莱恩·克里斯汀和汤姆·格里菲斯出版过一本书，名为《指导生活的算法》，这里面给出了很多利用数学算法进行决策的方式。从这本书中得到三个认知收获：第一，用数学算法思考问题的本质，并抓住思维模式的根本，这是思考问题的关键；第二，学会设定限制条件和假设，把复杂决策简化为一个模型，并利用这个模型理解世界；第三，能够理解静态思维和动态思维，知道如何根据变量的变化来理解结果的差异，并优化这个模型。

这个方式在我们理解快变量的时候，可以从容和方便地建立起理解和处理外部事物的模型。还有一个重要的决策方式就是口令思维，简单地说，就是用一个简单的方式解决很复杂的问题，用最简单的方式达成目标。不管这个世界有多复杂，如果一个人的目标是清晰明确的，就不应该本能地把自己的注意力和精力都放在细节上，而是应该关注最重要的目标，复杂的世界需要简单的思维方式去应对。

最后，我们再介绍一个很重要的思维方式，叫做“灰度思维”。判断一个人的成熟程度有很多标准，其中一条就是看待事物的方式不是以一种简单的黑白思维去看待。按照企业家任正非的看法，“一个领导者最重要的素质是方向感和节奏感，领导者真正的水平是体现在他能够把握一种灰度，合理地掌握合适的灰度，能够使得各种影响发展的要素在一段时间内是和谐的，这种和谐的过程称为妥协，这种和谐的结果称为灰度”。也就是在决策时，我们要接受不完美的选项，要在各种事情中保持一个比较完美的平衡状态。一方面要求我们能有足够的智慧感知我们所处的世界的种种影响因素；另一方面要求我们能够有能力在这些要素中保持平衡，这就是在面对变化的人生中最重要的智慧。

总结一下， 由于人生是由不同的变量组成的，我们首先需要坚定自己的选择是有价值的，是对世界有意义的。因为只有给世界带来不确定性的选择才会留下更多的价值和可能性，然后我们需要掌握算法的思维和口令的思维去面对复杂的世界，这样会提升我们处理人生决策时的效率。最重要的是，我们对人生要保持灰度思考的思维，能够在各种要素当中保持平衡和妥协，并让这些要素按照自己的想法去促使事情的达成，这是我们最需要学习的智慧。

❖ 幸福的智慧

幸福如此难能可贵，主要是因为宇宙初创之时，就没有以人类的安逸舒适为念。它广袤无边，充斥着威胁人类生存的空洞与寒漠，它更是个充满危险的地方。

——米哈里·齐克森米哈赖

人的一生会遇到很多的痛苦，这些痛苦包括选择的困难、现实和理想的差距、贫穷中的劳作、实现目标以后的空虚，以及不被他人理解的痛苦等，我们在幸福的人生道路上总是会遇到很多困难和痛苦，那我们如何去追求自己的幸福呢？当然，我不会在这篇文章里灌鸡汤，而是告知读者有关幸福的智慧，也就是大师们关于这个问题的看法，作为大家选择幸福道路的参考。

首先，我们来看叔本华的看法，叔本华有本著作名为《人生的智慧》，在这本书中叔本华提出了如何幸福的理论。他先强调人是有意志的动物，然后，他介绍了如何看待什么是幸福，以及怎样比别人更幸福的方式。最主要的是给出了一个特别重要的逻辑，就是追求幸福最重要的不是懂得获取幸福的方式，而避免痛苦才是追求幸福的主要方式。他认为人之所以痛苦就是因为有欲望，欲望越多就越痛苦，智慧的人生不是追求幸福，而是减少痛苦，所有的幸福都是虚幻的，而痛苦则是真实的。叔本华认为，智慧的人生不是追求幸福，而是减少痛苦，放弃不切实际的欲望才能获得幸福。所以我们需要活在当下，我们应该忘掉过去，关注现在和计划将来，而活在过去和担忧未来，都不是获取幸福的方式。

除此之外，叔本华还认为追逐智慧而不是财富是幸福的方式，因为人是有欲望的物种，满足欲望的直接方式是追求财富。地位和名誉，而追逐的过程中欲望也在增长，痛苦也就会自然增长，幸福自然就越来越远了。最后，叔本华还强调了享受独处，减少社交行为是重要的幸福路径，人只有在独处的时候才会成为完全的自己，每个人都渴望自由，而孤独则让人完全自由，孤独是幸福、安乐的源泉。一个人自身拥有的越多，则需要从他人那里得到的就越少，内心就会越来越丰富，对世界的看法也就越来越积极。总结一下，就是叔本华认为减少欲望，减少对他人的依赖，以及追求智慧就是幸福的最主要方式。

接下来，我们来看看专业研究幸福的学者是如何看待幸福的。这里介绍一本书，就是哈佛大学最受欢迎的幸福课讲师本·哈沙尔的《幸福的方法》。在这本书中，他探讨了一种更有普遍意义的幸福的方式。他在书中，把人生分为四种类型：忙碌奔波型、享乐主义型、虚无主义型和感悟幸福型。大多数人不幸福的原因是因为认为成功就是幸福，目标实现后的放松和解脱就是幸福，所以大多数人选择从一个目标奔向下一个目标。实际上，真正能够持续的幸福感，是需要我们为了一个有意义的目标奋斗和努力。幸福不是达到山顶以后的放松的畅快，而是达到目标的过程中的经历和感受。所以，最重要的一点是我们需要为人生赋予意义，当我们对自己的行为有使命感的时候，我们就更容易快乐，而在我们从事的工作中找寻快乐也可以加深意义的价值。

在对待金钱的态度上，哈沙尔的态度也比叔本华更积极，他认为我们定义好自己的兴趣和目标以后，在自己感兴趣的方面，我们更容易发挥天赋并乐此不疲。反之，我们就会容易乏味和平庸。重要的是，我们的幸福不是依赖牺牲现在来换取未来，幸福既不是纯粹的意义也不是单纯的快乐，既不是只管住自己也不是毫无保留为他人奉献，而是让自己处于追求目标和享受过程的平衡中。

最后，我们介绍一下积极心理学大师齐克森米哈赖的看法，他的著作《心流》中提供了一个特别有价值的解决方案。他认为为了理解幸福，需要从生物学、心理学和社会学三门学科中找到答案。由于我们在进化过程当中的自然选择，人类继承了智人祖先的悲观和审慎的心理状态，而这样的心理状态对我们的幸福感的影响是负面的。因此，我们需要学习屏蔽负面的信息，学会用主观能动性避免负面情绪的干扰。最重要的是，我们需要理解幸福并不是人生的目标，而是人生目标的某种副产品。当你全心投入到追求自己的人生目标和价值的实现，达到忘我的状态，从而得到了内心秩序的平衡时，这样的状态往往是幸福的。而单纯地追求享乐，无论金钱还是美食，都不会带来长久的幸福，带来的反而是满足欲望以后的空虚之感。人生的幸福不是追求一直满足个人欲望，而是找到适宜的同时满足生理需求和个人意识的秩序，良好的秩序的平衡之感才是幸福的人生最重要的追求。

总结一下，为了获得更加幸福的生活，我们至少需要以下三点关于人生的智慧：第一，我们不要妄想能满足自己所有的欲望，就能获得足够的幸福，而是要减少欲望和减少对他人的依赖。第二，我们需要享受孤独，自得其乐是获得幸福和安乐的源泉。第三，有目标的生活与活在当下并不矛盾，需要把更多时间花在让自己快乐的事情上。最重要的是，我们需要理解幸福的真谛并不是满足个人欲望，而是在追求个人人生目标的过程当中找到内心秩序的平和。

❖ 狡猾的情感

人类发展出的其他具有进化优势的情感反应，在我们需要做出正确决策的同时也会制造社会壁垒，让我们栽跟头。在某些情况下，某些情感的进化优势并不如它们在现代世界形成的劣势。或许尚需数千年的进化法则，这些情感才会完全消失。

——埃亚尔·温特

在讨论了很多理性分析的逻辑和方法以后，我们会有一个错觉，就是仿佛人类的本能和直觉经常给我们增加麻烦而不是带来便利。例如，人们经常因为情感的存在做出不符合自己利益的决策。这里我们需要考虑一个问题，为什么我们需要情感？如果情感让人做出昏庸的决定，那么进化过程中却没有让情感失去其重要性。如果我们承认情感在本能和直觉层面上拥有很大的缺陷性，那么它们对我们的作用究竟如何呢？我们来探讨一下这个问题。

首先，定义什么是情感，我们所谈的情感不仅包括愤怒和忧虑等认可的情感概念，而且也包括公平公正等一般性概念。著名博弈学家埃亚尔·温特曾经写过一本书《狡猾的情感》，在书中通过博弈论和进化论的相关角度，把在很多人眼中视为不理智的情感，进行了分析。他认为，在我们的进化过程中，其出现、成形与发展均以增加我们的生存概率为目的。例如，恐惧让我们避免潜在的危险。另外，情感也是一种信号传递机制，让我们得以在日常参与的各类博弈中协调行动，达成均衡。例如，愤怒让我们在承诺的时候更加让人信服，因而达成交易，当然这些都在理性的情感范畴内。由此可见，原来这些所谓的“冲动”“不理智”竟然是最好的选择。

情感还可以帮助我们建立新的均衡状态，这种均衡在纯粹的思维与理性世界中是不存在的。在很多情况下，情感可以通过这种机制改善我们的社会境遇。在书中温特通过博弈论的分析，让我们知道在很多情况下，敏捷的情感反应优于深思熟虑之处，获得更多的生存进化机会。当然，如果决策都由情感机制做主，那么结果也不是符合博弈论的最优选择。也就是说，虽然我们有理性的思维，但是情感的本能和直觉带给我们一个简单有效的处理机制帮助我们做出更好的决策。

其次，我们进一步研究进化过程当中情感的作用，情感常常和直觉相关，当理性和直觉相冲突的时候，我们应该先相信直觉，然后用理性去检验，很多时候直觉看似不靠谱却很有效。例如，人类很容易生气，很容易拖延，也会产生集体情感，这些情绪和心理虽然看起来很不靠谱，但是实际上这些情感帮助我们在进化中得到优势。例如，适度生气让我们提升了自己的分析能力和辨别能力，在生气的情况下会更加敏锐，让我们能够更加清晰地思考问题。再举例说明，拖拉则让我们有选择地忘记不愉快的事情，避免了过度恐惧和焦虑，我们越对某件事情感觉不愉快，注意力越分散，就越容易产生拖延，而从众心理则帮助我们有选择地去决定自己的倾向。要知道在某个集体中做一个众人皆醉我独醒是一个非常容易被攻击的行为，从而降低了自己的生存概率。反之，就会强化集体认同感——这里不是让大家为皇帝的新衣辩护，而是看清这种心理机制对生存概率提升的作用。

最后，情感能够帮助我们在冲突过程当中建立相互的信任和承诺，也就是说，情感是我们在冲突中建立承诺的重要方式。例如，在谈恋爱过程当中，双方会以威胁分手的方式来表达决心获取对方的承诺。或者在商业谈判中，利用适当的情感表明态度和决心也是一个常见的策略。需要注意的是，如果把情感当做一个策略去使用的话需要把握一个平衡度，情绪化的执着往往得不到预期的效果，而且采取正面和负面的情感态度也是完全不同的策略。例如，正面地使用忠诚的、真挚的情感去表达对伴侣的陪伴意愿是一种方式，而通过愤怒和失望等情感的表达来加强二人的关系是另外一种方式。因此，情感作为一种极为有效的冲突解决策略和双方建立信任的方式，值得我们关注。

总结一下，情感的存在是有先天性原因的。我们只能学会控制情感而没法完全根除它，对于非理性的情感，我们需要坦率地面对，并承认它们让我们得以生存下来。只有深入了解我们的本能，才能更好地了解自己。人际关系处理当中会提到一个概念“情感账户”，指的就是人际关系中的信任、价值和情感。而人际关系处理其实就是在这个情感账户中去处理自己和他人的关系，每一次人际交往就是在其中进行存款和取款的过程。我们也需要学习提升自己对情感的理解和自身的情商，让狡猾的情感在理性的帮助下更有效地发挥作用。

第三部分

思想的格局
免于被奴役的未来

第十章　免于被奴役的未来

新物种

❖ 自由的技艺

检验一流智力的标准，就是看你能不能在头脑中同时存在两种相反的想法，还能维持正常行事的能力。

——费茨·吉拉德

在我周围有很多理工专业方向的从业者，包括我自己在内，一直对父辈的理工科的道路很推崇，特别是看到周围文科毕业的同学们在找工作上捉襟见肘以后，理工科带来的自豪感让我在初入职场的时候非常自信。然而，这几年在真实世界中，看到成长中的软性技能好像比想象中更有价值。所谓软性技能，就是无法直接评价和考核的某种技能，例如，交流沟通的能力等，这些能力在学校中没有学习却非常重要，那么我们缺乏的是什么领域的专业技能呢？有一个词叫做“自由技艺”，这是我们这代中国读书人常常欠缺的部分，关于这方面的知识想给大家介绍一下。

首先，我们看看自由技艺的由来，在国内我们通常认为是通识教育或者博雅教育，而在国外则称为“Liberal Arts”。自由技艺来源于古罗马对统治者的教育，包含七个具体的能力——文法、逻辑、修辞、算数、几何、音乐和天文学。这七门课程分为两类，其中文法、修辞和逻辑称为“三科”，而其他四门称为“四艺”。“三科”主要负责教导一个人的心智，让个体变得更加成熟，懂得思考和表达。而“四艺”则主要学习一些技能，让人拥有理解世界的能力。西方整个大学教育的中心就是围绕着这些能力构建的，对应中国古代的教育，就是中国传统的六艺（礼、乐、射、御、书、数）。《周礼·保氏》中写道：“养国子以道，乃教之六艺：一曰五礼，二曰六乐，三曰五射，四曰五御，五曰六书，六曰九数。”

不过到了当代，自由技艺的三个主要核心的能力就是批判性思维、沟通交流及解决问题的能力，这也是现代人最核心需要的能力。具体介绍一下，所谓批判性思维，就是独立思考的能力，面对一个新遇到的问题，能不能进行复杂、缜密的思考，建立起系统的逻辑。而交流沟通的能力，则是建立其独特的说服力和影响力，能够对他人和组织建立起独树一帜的影响，最主要的是形成自己独特的风格和魅力。所谓解决问题的能力，则是我们之前所提到的，拥有一个模式识别的能力，能够把生活中的问题算法化，抛开主观情绪的影响去解决具体而复杂的问题。总结看来，自由技艺就是培养我们面对复杂问题的能力，尤其是独立思考和与他人交流沟通的能力。

其次，我们看看国外哪些专业与自由技艺有关，出乎大多数人意料，几乎都是冷门专业，包括政治学、社会学、人类学、心理学、哲学和符号学等。看似无用的学问，为什么能够帮助我们提升自己处理复杂世界的能力？在最广泛的术语中，这是一门教育，提供艺术、人文学科（人类学习）、社会科学、数学和自然科学的概述。Concordia 大学副教授 Michael Thomas 博士说："Artes 自由主义者植根于古典古代，并将一般技能作为有意义的社会贡献者（自由主义者）。今天，我们打算把这个转化成终身的、自我激励的学习者，他们可以在这个世界上发展甚至变化。"一些较为常见的专业包括人类学、传播学、英语、历史、语言和语言学、哲学、政治学、数学、心理学和社会学。不同于提供这些专业的高等院校，其他一些学校是严格的文科学院，这意味着他们所有的专业都被认为是文科。

马里兰州华盛顿学院心理学副教授迈克尔·克什纳解释说，他的学校是文科学院。文科学院虽然没有理工学院那样的短期就业优势，但是我们培养综合素质的人。我们通过跨学科的教育帮助学生学会用批判性思维更全面地面对复杂的问题，这是我们的核心竞争力。乔治亚皮埃蒙特学院的招生主任辛迪•彼得森（Cindy Peterson）表示："文科教育让学生有机会探索各种学科，而不是按照专门的课程来训练他们的职业生涯。雇主今天正在寻找具有广泛知识基础的合格毕业生，他们的本科生经验给予他们批判性的思维能力，以及对他人的多元化道德问题和服务的理解和欣赏。"透过这两位文科美学校的老师的话，我们可以看到文科院校的核心竞争力并不在于技能的培养，而在于对批判性思维能力等自由技艺的培养。这会帮助每个学生在职业生涯中拥有更有价值的能力，以及更长远发展的职业生涯。

最后，讨论一下，自由技艺对我们面对未来生活有什么帮助。实际上，这和我们之前所聊到的算法的能力能结合起来，未来的社会，需要两个核心能力。一个就是利用算法思维将问题模式化并解决的能力，另一个就是拥有自由技艺能够拥有解决复杂问题的软技能的独立思考的能力。虽然作为理工科生对算法思维理解更为透彻，但实际上这世界最终还需要人来做决策，相对于机器人的能力，不在于大数据、算法或者定量分析能力，而是在于能够利用软性技能解决具体的问题的能力。只有通过人文学科和自由技艺的学习，才能掌握机器人无法替代的软实力。过去的几十年间，人文学科无论在国内还是在国外都没有受到学生们的青睐，甚至成为没有前途的专业方向的代名词，这就是由于人们对软性的技能和批判性思维的漠视。需知未来的社会里，机器取代的就是相当一部分关于人类理性工作的内容，而无法取代的则是情感的交流和自由的思考。如果因噎废食放弃了这部分教育，那么我们确实应该感到机器的巨大威胁了。

总结一下，除了谋生的技能以外，我们需要接受自由技艺的教育，或者称为通识教育。这类教育并不能帮助你直接获得利益，但是能够帮助你懂得更深入地理解世界，懂得如何理解他人，以及在未来机器越来越有用的年代拥有不可替代的灵魂。由于我们的教育体制是适应工业革命的需求而导致的过度分工的结果，但是，为了应对未来人工智能发展的趋势，以及更为复杂的现实世界问题，我们需要通过自我教育来补充软性技能的不足，而不是等待整个社会在教育机制上的变革。

❖ 思想的格局

我们每一个人每天都游走在“个体知识”和“相互知识”这道光谱之间，在“个人空间”和“社会关系”之间苦苦挣扎，尝试找到最佳的平衡点，语言让我们发现这些本质，同时也是人类在光谱之间保持平衡的重要路径。

——斯蒂芬·平克

我们常常谈论一个词——“格局”。自古以来，人们也往往推崇有大格局的人。那么如何去理解格局的内涵和要义？一个拥有远大格局的人在真实的人生中有什么优势？我们如何去修炼自己的格局呢？回顾我们之前的文章，无论讨论人的认知缺陷，还是拓展自己的知识边界，都是在拓展自己思想的格局，建立起属于自己的大局观。关于这个话题，我们继续深入讨论一下。

首先，讨论一下什么是格局，大致上来说，格局强调的是一个人在看问题的时候能够有足够长的时间的考验，以及在看待问题时能够有足够的深度和广度。简单来说，就是我们能不能跳出自己的本能的影响，用更长的时间和更广的空间宽度去看待这个世界。古语有云："古之所谓豪杰之士，必有过人之节，人情有所不能忍者，匹夫见辱，拔剑而起，挺身而斗，此不足为勇也。天下有大勇者，卒然临之而不惊，无故加之而不怒。此其所挟持者甚大，而其志甚远也。"意思是一个有大格局的人能够和常人不一样，站到更广、更高的角度看问题，不轻易受到情绪的影响。一个有格局的人，就是能不能看到常人不能看见的机会和维度，即拥有洞察力。然后还需要把这个洞察实践到自己的人生理念中去，这就是知行合一。《孙子兵法》中写道："夫未战而庙算胜者，得算多也；未战而庙算不胜者，得算少也。多算胜，少算不胜，而况于无算乎。吾以此观之，胜负见也。"格局就是这样一种远见的计算能力，以及一种系统思考的能力。

然后，我们来看看不同格局的人在思维方式上有什么差异，这里要推荐一本非常有名的管理学书籍《第五项修炼》。本书是由 MIT 斯隆管理学院资深教授彼得·圣吉所撰写的，其中介绍了系统思考的概念。所谓系统思考，就是尊重复杂性，还原完整的图像，将自我作为整体的一部分进行全局思考。给我们提供了一种视角，去解读从个人到组织，一个整体是如何形成、运作和发展的。对于有格局的人来说，就是始终有大视野和大历史观为参考系去考虑每件事情，对于一件事情的判断不是基于表面的思考，而是用非线性的思维去思考整个系统的影响。最主要的表现之一就是“效果延迟”的逻辑，即事情 A 发生之后并不立即导致事情 B 发生，而是中间会有一段时间的间隔。例如，打开水龙头的热水，可能要十秒钟以后才会出热水，这个过程就有了十秒钟的延迟。系统思考的能力是非常重要的，按照彼得·圣吉的说法，自我超越、心智模式、共同愿景、团队学习这四项能力都是建立在系统思考能力的基础上。再深入讨论一下，格局就是在思考一个问题的时候，决定你自己决策是否具备决定性的势能的能力，也就是不同格局的人，会导致其思考的结构方式不同，从而使得整体事情的态势产生偏差，以至于事情的结果完全不同。

最后，我们来讨论格局的修炼，这里我们主要关注三个方面的格局修炼，一个是认知格局，一个是历史格局，一个是战略格局。首先谈认知格局。对于每个人来说，如何认知这个世界及人类自身是非常重要的，对于这个世界，我们要接受它的不完美，接受它的复杂和不纯粹，并在这个复杂世界中提取出行之有效的模式。

而对于人类自己，则要理解人性的复杂，理解我们在进化过程当中的本能性的缺陷，从心理学和行为学方面理解我们在不同场景下的行为和情绪反应。其次谈历史格局。尽管我们从未体验过历史本身，但是通过学会从历史中领悟道理会让我们避免很多的错误，“历史不会重复，但总是押着同样的韵脚”，这就是历史的作用。虽然按黑格尔的说法，“人类从历史学习的教训，就是人类无法从历史中学到任何教训”，然而我们可以从历史中探索人类的行为逻辑和事物发展的一般规律，从而避免犯同样的错误。最后谈战略格局。所谓战略就是做出选择有所为有所不为，即学会在多个选项之间做出重大选择的能力。人生最重要的能力就是在关键时刻做对的选择，这也是我们更好对自己人生负责的必要能力。所谓战略并不只是针对企业来说的，对个人来说也是需要具备这样的能力的，使得在每次决策的时候都能考虑事情的动态的态势，正如劳伦斯•弗里德曼在《战略：一部历史》中所提到的，战略是源自形势的核心艺术，我们需要掌握好这门技艺。

总结一下， 格局是一个人的远见和系统思考的能力，不同格局的人思考的结构和方式不一样，使得其对态势影响的能力有差异，从而导致了结果的差异。一个人要提升自己的格局，就是要提升自己在认知、历史和战略三个方面的能力。对复杂世界的认知方式、对历史逻辑的清晰思考，以及对战略艺术的灵活把握是一个人是否拥有大格局最重要的表现。

❖ AI 的进化

这个时代终将以工人和机器之间关系的根本转变来重新定义：机器只是提高工人生产力的工具，但事实却相反，机器本身变成工人，而且劳动力和资本之间的界限也从来没有像这样模糊，整个经济领域内，计算机和机器没有使工人更有价值，反而越来越多的取代他们……计算机越来越善于完成专业化，常规性和可预测地认为，它们有可能很快超过目前正在从事这些工作的人们。

——马丁·福特

人工智能正在飞速进化，在很多方面已经超越了人类，很多人也认为 AI 将成为人类最后一个发明。有的学者认为，人工智能的热潮极其危险，认为人类并没有能力与其对抗，所以盲目的期待是一件可怕的事情，如果不能充分认识和理解人工智能技术的可能和极限，则人类历史的悲剧就会上演。在我们讨论了人类的格局和应该学习的技艺以后，我们来看看人工智能是如何进化的，为什么我们认为在计算能力和大多数常规工作层面，AI 会无限接近于替代我们，而人类进化和 AI 进化的差异，会使得我们以什么样的方式共处。

首先，看看人类的进化。著名思想家贾雷德·戴蒙德在《第三种黑猩猩》中对这个过程进行了描述，我们与黑猩猩之间只有很小的基因差异。但是，正因为这个细微的差异使得人类成为独一无二的物种，这种基因差异也是在人类基因谱系发展史上最近一段时间才产生的，这是人类进化的最重要的基础之一。除此之外，由于智人发展成现代人的时间从生物进化的角度来说很短暂，因此环境选择对其演化的作用相对较小，而性选择成为了塑造现代人类的主要动力。性选择使得我们发展出隐性排卵、隐性交媾、闭经等一系列罕见特征，并形成了与之对应的交配、生育和婚外情机制等。这种种机制的最终指向，是令人类成为一种高度协作、分工复杂的社会化动物，并极为难得地实现了隔代个体（爷孙）之间的知识交流和传递，为技术的积累和革新提供了生理基础。

然而，我们要理解这些进化出来的特质并非独一无二的，而且每种特质的初期演化都源于它给种群带来的竞争优势。在我们发展出语言和艺术之前，较大容量的大脑和直立行走的演化就是一个必需的过程，人性的发展基础是在很长的进化周期中完成的。总结一下，就是在漫长的进化过程中，基因的部分特质让人类有别于动物，这些特质推动了人类建立社会，并实现政治、经济的发展。即使到了今天，大规模的基因研究显示人类依然在进化，研究者发现，影响人类寿命的有害基因突变已经非常少且出现概率随着年龄的增长而减少，这使得人类更加长寿且逐步改变人类社会的结构。

其次，了解一下 AI 在进化过程中最核心的三个要素的进化：

存储能力、计算能力和自我学习的能力。下面来对比一下在这三种能力上人类和AI的差异。人类大脑的容量大概是100TB，而计算机则远高于这个数量级且储存成本越来越低，唯一的差别是人脑储存信息是依赖神经网络的方式而AI目前采用的是传统的冯诺依曼结构。关于计算能力，我们之前谈论了人类使用机器思维即算法思维去考虑问题，而算法则是机器最擅长的领域。只要拥有足够的能源和存储空间，那么凡是人类赋予机器的算法，以及机器自我学习的算法都没有问题。这也解释了AlphaGo为什么在围棋技艺上如此出色，即使它都不明白围棋是什么。最后关于学习能力层面，实际上也是目前人们讨论AI威胁正在增强的最大原因。例如，“深度学习”算法的应用越来越广泛和深入，以及随着数据的增长，算法的有效性提升越来越快，也许计算机和算法学习的能力并不能完全替代人脑，但是对于完成替代人类的大多数工作却已经足够了，AI进化的目标并非自主意识或者统治世界，而是通过学习获取更多的智能。

最后，讨论我们如何跟AI相处，当然我们不会讨论《西部世界》或者《终结者》，这样的世界观里的机器人要么太愚蠢要么太可怕。实际上AI获取自我意识非常困难且目前大多数AI的发展史致力于让其提升智能而非意识（之前也讨论了即使对于人类本身的意识，我们也相对认识比较浅薄），而学者的研究成果则更有现实意义，这里提及一下MIT物理系终身教授，平行宇宙理论世界级研究权威迈克斯·泰格马克的《生命 3.0》一书，他在其中对 AI 发展的所有可能性都列举了，最终得出了 AI 与人类相处的各种可能模式。泰格马克在书中介绍了三种人与 AI 的相处模式：一种是 AI 为人类服务；一种是 AI 与人类和谐共处；一种是 AI 取代人类作为新的物种。毫无疑问，我们正处于人类文明的十字路口，不同的选择决定了我们未来如何与 AI 相处。

这个观点其实在雷·库兹韦尔《奇点临近》一书中也有部分涉及，如果把生命定义为可以自我复制的信息处理系统，那么人类被新的生命形态替代的概率就会不断增长，也就是 AI 真的具备了人的全部智能。AI 甚至有能力通过自我设计生命模式逐步超越人类，则人类作为单独物种就会受到威胁，在这个角度上，人类可能更倾向于让 AI 成为帮助人类自我生活提升的方式而非决定物种进化路径的方式，人类在进化过程中的目标的基础是生存繁衍，而不是为了满足自我的需求逐步淘汰自己。

总结一下，人类社会发展到现在，是由于其在基因方面的优势和进化历程中的偶然导致的，作为生命体的人类拥有其他物种不具备的智能优势。然而，在面对人类自己创造的生命体时，我们需要更加谨慎小心，因为 AI 是基于人类对自身的认识而创造出来的类生命体。它的进化过程并不完全符合自然规律，而我们也要谨慎处理与 AI 的关系，不希望它真的成为人类最后一个发明，使得人类文明从此走向终结。

未来生存法则

❖ 未来知识分子

我们选择登月，做其他事，不是因为这些事情简单，而是因为完成它们会很艰难，因为它们能够最大限度地激发我们的能量和潜力，因为我们愿意接受这样的挑战，并且势在必得。

——汤姆·凯利

在之前的讨论中，我们针对的是人类和外部世界进行了探讨，主要判断如何看待人类的本质和思想框架，外部世界模糊的真实等。现在让我们回到现实的世界来思考一个有意思的问题，就是未来什么样的人能够生活得更好。什么样的人既不会被机器替代成为没有价值认同的普通人，也不会需要改造自我成为和机器共生的机器。换句话说，就是讨论生活在未来且幸福指数很高的人，应该会是具备什么素养和能力的人。

我们首先来看看未来的工作有什么样的特征。著名管理咨询顾问约翰·布德罗在他的《未来的工作》中讨论了这个话题，当传统的雇佣模式被替代，组织边界被打破，企业的工作中心会由员工管理转变为产品导向。布德罗认为，现在 90% 的全职工作岗位在未来 20 年会消失，全职的员工会变成自由工作者。企业也会把工作的重心逐步转移给外包公司和合作伙伴，传统的企业组织模式会被颠覆。他给出的四个趋势如下：①在未来，只要是能够解决问题的人都能够进行合作，公司的目标在于引领工作而不是管理员工；②自由工作者数量会增多，全职员工的比例持续下降；③合作伙伴模式流行，专业的工作更多地交给专业的人去做，非核心业务大多数被外包；④人力资源平台越来越完善，平台会发布具体的任务和要求，主动设立各种机制，让雇主和工作者能根据人物进行匹配。这样的未来，让我们需要重新认识和构建新的工作模式，作者提出以工作任务为核心进行工作，工作者的报酬和激励，也从金钱拓展到了经验、自豪感和炫耀资本等。作者打了个有趣的比方，他认为公司的每个部门就像是一套乐高积木中的零件，传统的企业就是把这些积木都用起来，而未来的趋势是把自己的零件送出去和其他积木进行合作和组合就行了。

在了解了未来工作的形态和趋势后，我们来研究一下未来最主要的工作类型，或者未来知识分子以什么样的角色出现的概率较大。这里我们提及世界高级设计公司 IDEO 总经理汤姆·凯利的《决定未来的 10 种人》，在这本书中，他选取了大量一手商业案例，书中所谈的是大企业里的个人和团队是如何进行创新的。因为所有伟大的行动，最终还是要由人来执行。汤姆·凯利在书中所讨论的十种创新角色，并不见得就是你所见过最有能力的人。他们不必是最有能力的人。因为每种角色都有自己的杠杆、自己的工具、自己的技能和自己的观点。这本书把未来的创意人才分为三个类别，学习类角色、组织类角色和建造类角色。

第一类角色即学习类角色认为，不论公司现在有多成功，都不应该自满。世界正在加速改变，今天的伟大想法，明天也许就过时了。学习类角色协助你的团队免于落入过度自以为是的陷阱，并提醒组织，不要对自己所知道的东西沾沾自喜。扮演学习类角色的人要虚怀若谷，质疑自己的世界观，因此，他们每天都要对新见解保持开放心胸。这类角色包括人类学家、实验家和异花授粉者。第二类角色即组织类角色， 扮演这种角色的人，非常了解构想在组织里那种违反直觉的推动过程。这类角色包括跨栏运动员（The Hurdler）、共同合作人（The Collaborator）和导演（The Director）。第三类角色即建造类角色，他们应用学习类角色所开发出来的观点，加上从组织类角色所取得的权力管道，实现创新。当有人扮演建造类角色时，他们会在你的组织里立下丰功伟业。扮演这种角色的人，知名度非常高，因此，很容易就可以找到他们，他们就在行动的核心之中。他们包括体验建筑师、舞台设计师、看护人和说故事的人。值得注意的是，这三类人其实并不是遗传上的性格特征或是类型，不会和团队里的个人永远连接在一起；而且，一种角色，也不必只由一个人来担任。而是告诉大家未来什么样的角色类型会更有创新价值。

最后，我们观察一下从事这些工作的人群特点，就是都拥有洞见而不只拥有创意的能力，洞见能够改变你看世界的方式，拥有洞见或者产生洞见的能力，意味着你拥有极大的竞争优势，创意只能帮助你解决一个个的具体任务，而洞见能帮助你重新定义和设计任务，拥有创意是术，洞见则是道，想要获得洞见，就要了解自己适合扮演哪几种角色的人，然后按着那样的思考方式去拓展自己的边界，调研不知道的事情，养成时刻思考的习惯。

这里值得注意的是，洞见并不是靠学习而生长出来的，而是获得的，具体说来包括三个方面：第一，就是好的想法有着自然天成的感觉，是百思不得其解以后忽然产生的那种想法；第二，好的想法和思考不是能够预料得到的，如果没有产生也没办法刻意获得；第三，保持内心的秩序和平衡是获得洞见的唯一方式，也就是说，处于我们之前所说的无为的状态有利于获得洞见。

总结一下，未来的知识分子实际上是基于未来的工作模式的变化产生的，这些人是创意的生产者、组织者及学习者，围绕着未来的社会你要学会明确自己的角色类型，从而获得相应的技能和洞见。洞见的价值在于它能重新定义和设计任务，完成普通逻辑下无法完成的工作，而要获取洞见最重要的能力在于，保持内心的秩序和平衡，最好处于“无为”的状态。

❖ 可预测的未来

我们生活的世界像钟表又像云，我们还可以把它比喻为一大堆杂乱无章的东西，不可预测性和可预测性艰难地共存于构成人体、社会和宇宙的复杂的关联系统中，而并非二元对立。

——菲利普·泰洛克

我们终于要开始讨论预测未来了，假如未来是可见的，结果应该是怎么样的呢？预知未来、采取行动和改变未来是作为一个未来知识分子的核心洞见之一，关于未来的趋势有如此多的见解，我们应该相信哪些趋势是确定无疑的，哪些趋势是存在变数的呢？接下来，我们探讨一下如何预测未来及关于未来的趋势。

首先，我们看看宾夕法尼亚大学心理学和管理学教授在《超预测》一书中提及的有关预测的方法。作为一个专业研究预测的学者，他认为人和机器都能预测未来，尤其是在数据充分的单项领域，机器比人类更有优势。而人类则在预测复杂问题时更准确有效，洞察未来的能力并非天赐的神秘禀赋，而是独特的思维方式，信息收集方法和不断更新观念的产物。这里一个核心的观点是，转变思维是进行预测的最核心的思维方式和方法论。

我们需要掌握三个基本思维方式：第一个思维方式是概率思维，就是对未来事情发生的可能性，要用数据来思考这个方式的发生概率；第二个思维方式是慢思考，由于我们的大脑中存在快思考和慢思考两个系统，快思考系统是快速不费力的容易出错的系统，慢思考是费能量和理智的系统，我们在预测未来的时候由于需要更多的自我控制和思考复杂的信息，要尽量使用慢思考而不是放任快思考的应用。第三个思维方式是成长型思维，就是要持续地随着变化趋势去修正自己的结论，保持个人信息和素养的调整成长。书中提及的有关未来预测的三种方法分别是分解问题、持续更新和切换视角，这三种方法看起来简单，实际上却非常有效，能够帮助我们更加准确理性地预测未来。

其次，我们来看看哪些有关未来的趋势或者预测是比较合理的。首先我们要理解两个概念即硬趋势和软趋势，硬趋势就是基于可测量和可感知的事物得到的趋势，而软趋势是会被人力所影响的似乎可预测的课题。例如，人工智能就是硬趋势，而星际旅行则是软趋势。如何分辨两个趋势呢？一个主要的差异就在于硬趋势背后有三种驱动的力量：人口、科技和政策法规，而软趋势则没有这三个方面的支持。人口变量由于是自然规律，所以我们在预测的时候需要考虑这个重要的变量的影响；而科技则带来了智能化的发展，所以人工智能必然是硬趋势；政策法规则对于行业的机会有比较明确的影响。软趋势相对来说则会受到个人的偏好、流行文化的影响而有所改变。只要分清楚硬趋势和软趋势就可以更清晰地预测未来。

目前硬趋势中重要的因素就是科技趋势，因为政策和人口都属于大多数人能看到的变量，而科技则需要更深的洞察力。具体讨论科技趋势，我们可以看到最显著的四个方面如下：移动化、社交化、场景化和智能化。科技的创新也是围绕着这四个主要的方面进行变化的，针对科技的影响进行针对产业变化的分析是我们进行预测必须具备的能力。

最后，我们具体探讨一下未来的趋势，或者更准确地说是未来社会的特点。关于未来，其实我们是无法明确预测的，重要的是影响和反思我们脑子里那些习以为常的信念体系，这个观点是麻省理工大学媒体实验室主任伊藤穰一在他的新作《爆裂》中提到的。人们通常无法预测未来，就是因为人们对技术缺乏想象力，而决定未来趋势最大的变量之一就是技术。为什么他提到我们需要经常质疑自己的观念甚至常识呢？因为这个时代的特点和以往都不同，主要体现在三个方面，即不对称性、复杂性和不确定性。不对称性，就是强弱之势不再对称，强大和弱小之间的关系不是绝对的了。因为互联网的出现让边缘和小众的群体获得了力量，人们通过网络可以聚沙成塔地形成合力。而复杂性则是因为影响一件事情的因素而变得更加复杂，所有的事情的发展趋势都依赖于系统的变化。单个因素对系统的影响也无法预测，这就导致了预测非常困难。因此，就出现了不确定性，即过去的历史无法再重复，未来的事情无法再预测，也就是我们需要以主动拥抱未知的积极态度来面对不确定性的未来。

总结一下，对未来进行预测的时候需要拥有概率思维、慢思考和成长型思维，也要懂得区分硬趋势和软趋势。不过最重要的是要理解确定性的未来是不存在的，因为现在的时代是不对称的、复杂的。因此，最重要的是时常通过自我反思找到未来的可能性，也通过我们自己创造，而不是通过思想实验的方式去预测。

❖ 理性生存法则

一个被创造物身上的理性，乃是一种要把它的全部力量的使用规律和目标都远远突出到自然的本能之外的能力，并且它不知道自己的规划有任何的界限。但它并不是单凭本能而自行活动的，而是需要有探讨、有训练、有教导，才能逐步地从一个认识阶段前进到另一个阶段。

——康德

在我们探讨了那么多知识以后，现在我们需要讨论一个重要的课题——什么样的智慧让我们能够更好地生存？从历史的角度来说，世界发展的主旋律是什么？从自然生态的角度来说，什么样的物种更适合生存？自然界和历史能告诉我们什么样的道理帮助我们生存，这个问题是我们需要深度思考的，也是我们从自身以外能够获取的最重要的智慧。

首先，看看历史交给我们的生存策略有哪些。有人说过，一切历史其实都是当代史，只是穿上了炫目的外衣，这就是历史的价值所在。我们需要意识到，认识历史并不是一件容易的事情，因为我们常常带有自己的成见。历史首先是观念的历史，然后才是叙述的事实，历史的经验和现实的决策之间存在一定的联系，但是需要充分考虑历史的进程和维度。我们从历史中应该学习的最重要的智慧就是：历史是一系列偶然事件的结果，回到历史现场去看待每个关键的历史进程，一点都没有必然性所在，即使是人类的进化和存在都是一系列巧合的结果，更不必说其他的意外小事件带给历史的变化。

历史在每个时刻都有很多不同的走向，每个走向都拥有其独特的价值。学历史让我们一方面了解了历史进程本身的偶然性，另一方面告诉我们历史上的很多事情又是有其规律（反复重复其逻辑）的。正因为如此，我们可以选择不同的可能性，它让我们有更多的自由做出选择，也让我们懂得规律的重要，让我们秉持做好选择的原则。这就是历史告诉我们的最重要的生存智慧，以及我们在未来面对选择时的最基本的立场。还要注意的是，按照历史的发展规律，任何社会都是从过去到现在，再一步步走向未来的，政策情况下面向未来是没有问题的，可一旦上升到“主义”层面，就意味着仅仅以未来为导向而和过去割裂，很有可能引发历史的反弹，这个结论在阿诺德·汤因比的《历史研究》一书中进行了深入探讨。无论秦始皇的焚书坑儒还是拜占庭帝国的破坏圣像运动，强制的和过去一刀两断，尝试终结历史，只能使得本来顺畅的历史进程被倾覆。

其次，看看大自然交给我们的生存策略有哪些。正如康德所说，“大自然根本就不曾做任何的事情来使人类生活得安乐，反倒要使他们努力向前奋斗，以便由于他们自身的行为而使他们自己配得上生命与福祉”，因此在自然界中去观察其他事物的生存法则是非常有价值的。这里我们看到两个最基本的生存智慧：一个是反脆弱的生存策略，另一个是适度生存的生存策略。

首先介绍一下反脆弱的生存策略，即由于世界是由不确定性推动的，一个个意外事件对历史进程产生影响很大且发生频次很高，所以我们需要借鉴大自然“层层冗余”的做法。即在系统的多个环节，不同层级都有备份，就是我们设计的生活模式应当在各种意外发生以后，不但不会在风险中受损，反而还能获得额外的收益。具体说来，建立反脆弱系统需要三个步骤：首先，需要降低脆弱性，即减少自己暴露在致命风险中的概率，尽量避免从事高危行业。其次，利用杠铃策略增强反脆弱性，让自己避免出现在负面黑天鹅的事件当中，同时又要想办法把自己挤到正面黑天鹅收益当中，把 90% 的资源投入到最安全的领域，把 10% 的资源投入到那些损失低但是回报高的领域。第三，就是主动理性试错，控制损失成本，用最小试错的方式不断增加自己在不确定性事件发生时获益的概率。而适度生存策略就是对外依存度很低的生存策略，“天下之至柔，驰骋天下之至坚”，无论是自然界中哪一种生物，都处在外部和自我构成的生存系统中，这套系统的最基本的诉求就是生存，而不是强大。自然界中有太多的生物如恐龙等虽然很强大，但是当遇到环境变化以后很快就面临灭绝的困境。反过来，看到自然界中熊的生存策略，虽然体型巨大但是属于杂食动物，且能够依靠冬眠度过不适合生存的环境，这样的生存策略让它能够更加强大。适度生存策略一方面要求我们尽量降低对外界生存环境的依赖，另一方面要求我们获取了很多资源以后懂得收敛，不要过度地放纵自己对资源依赖的惰性，《道德经》中“少则得，多则惑”说的就是这个道理。

最后，我们探讨一下未来的生存原则，这里再次提及伊藤穰一教授的《爆裂》一书，这本书的副标题就是“未来社会生存的九大原则”，这里我们只提及其中两个，即“指南针优于地图”和“风险优于安全”，所谓指南针和地图的原则，就是如前文所探讨由于未来是不确定的，所以没有人能给出未来的地图，没有办法可以依葫芦画瓢地让你学习，而指南针则是可以有的，就是能够指导你前进的方向和原则，只要你拥有确定的目标在不偏离目标的基础上不断地调整战术，保持战略的秩序，就能让你越来越接近好的结果。

所谓“风险优于安全”的原则，指的是基于指南针的方向，去拥抱看似风险的路径其实可能是更安全和快捷的选择。只有行动派才能获取最后的胜利，花太多的时间评估风险其实并没有意义。我们需要学习的是，如何维系与不确定性之间的关系，如果说工业时代的原则就是构建一个控制式的管理系统和思维方式，那么网络时代的生存法则则是要学会拥抱不确定性和风险，并在这个不断变化的世界里掌握一些基础的认知来作为自己的指南针。

总结一下，未来是不确定的，世界也在根本的结构性变革中，我们需要学会适应和发现我们以往忽视的知识和认知，学会适应这个变化的世界。我们需要从历史中学习，从大自然中学习，从前人的思考中学习，唯有这样我们才能建构起属于自己的理念和指南针，才能更好地面对变化的未来。这是智能时代我们赖以生存的最基础的法则，也是我能够推荐给大家的最重要的认知升级。

图书在版编目（CIP）数据

无界：人工智能时代的认知升级 / 刘志毅著． —北京：电子工业出版社，2018.4
（数字化生活·人工智能）
ISBN 978-7-121-33689-8

Ⅰ．①无… Ⅱ．①刘… Ⅲ．①人工智能－普及读物 Ⅳ．①TP18-49

中国版本图书馆CIP数据核字（2018）第029457号

出版统筹：刘声峰
策划编辑：黄　菲
责任编辑：黄　菲
特约编辑：刘广钦　刘红涛
印　　刷：三河市鑫金马印装有限公司
装　　订：三河市鑫金马印装有限公司
出版发行：电子工业出版社
　　　　　北京市海淀区万寿路173信箱　　邮编　100036
开　　本：720×1 000　1/16　印张：15.5　字数：191千字
版　　次：2018 年 4 月第 1 版
印　　次：2018 年 4 月第 1 次印刷
定　　价：55.00 元

凡所购买电子工业出版社图书有缺损问题，请向购买书店调换。若书店售缺，请与本社发行部联系，联系及邮购电话：（010）88254888，88258888。

质量投诉请发邮件至zlts@phei.com.cn，盗版侵权举报请发邮件至dbqq@phei. com.cn。

本书咨询联系方式：1024004410（QQ）。